Lambacher Schweizer 1

Mathematik für Gymnasien

Baden-Württemberg

Lösungen

erarbeitet von
Manfred Baum
Martin Bellstedt
Heidi Buck
Rolf Dürr
Hans Freudigmann
Frieder Haug

Ernst Klett Verlag
Stuttgart · Leipzig

Redaktion
Dagmar Faller
Eva Göhner

Autoren
Manfred Baum
Martin Bellstedt
Heidi Buck
Dr. Rolf Dürr
Hans Freudigmann
Dr. Frieder Haug

Illustrationen
Petra Götz, Augsburg

DTP-Satz
imprint, Zusmarshausen

Bildkonzept Umschlag
SoldanKommunikation, Stuttgart

Umschlagfotos
KD Busch, Stuttgart
Simianer & Blühdorn GmbH, Stuttgart

Druck
Bosch-Druck GmbH, Ergolding

1. Auflage

Alle Drucke dieser Auflage können im Unterricht nebeneinander benutzt werden;
sie sind untereinander unverändert. Die letzte Zahl bezeichnet das Jahr dieses Druckes.

© Ernst Klett Verlag GmbH, Stuttgart 2004.
Alle Rechte vorbehalten.

Das Werk und seine Teile sind urheberrechtlich geschützt. Jede Nutzung in anderen als den gesetzlich
zugelassenen Fällen bedarf der vorherigen schriftlichen Einwilligung des Verlages.
Hinweis zu § 52 a UrhG: Weder das Werk noch seine Teile dürfen ohne eine solche Einwilligung eingescannt
und in ein Netzwerk eingestellt werden. Dies gilt auch für Intranets von Schulen und sonstigen Bildungs-
einrichtungen.

www.klett.de

ISBN 978-3-12-734353-3

Inhaltsverzeichnis

I Natürliche Zahlen	1 Zählen und Darstellen	L1
	2 Große Zahlen	L2
	3 Rechnen mit natürlichen Zahlen	L3
	4 Größen messen und schätzen	L4
	5 Mit Größen rechnen	L5
	6 Größen mit Komma	L6
	7 Primzahlen	L7
	8 Römische Zahlzeichen	L7
	9 Das Zweiersystem	L8
	Wiederholen – Vertiefen – Vernetzen	L8
	Exkursion: Von Kerbhölzern, Hieroglyphen und Ziffern	L9
II Symmetrie	1 Achsensymmetrische Figuren	L10
	2 Orthogonale und parallele Geraden	L11
	3 Figuren	L13
	4 Koordinatensysteme	L14
	5 Punktsymmetrische Figuren	L15
	Wiederholen – Vertiefen – Vernetzen	L17
III Rechnen	1 Rechenausdrücke	L20
	2 Schriftliches Addieren	L21
	3 Schriftliches Subtrahieren	L22
	4 Schriftliches Multiplizieren	L23
	5 Schriftliches Dividieren	L24
	6 Bruchteile von Größen	L24
	7 Anwendungen	L25
	8 Rechnen mit Hilfsmitteln	L26
IV Flächen	1 Welche Fläche ist größer?	L28
	2 Flächeneinheiten	L29
	3 Flächeninhalt eines Rechtecks	L29
	4 Flächeninhalte veranschaulichen	L31
	5 Flächeninhalt eines Parallelogramms und eines Dreiecks	L31
	6 Umfang einer Fläche	L32
	Wiederholen – Vertiefen – Vernetzen	L33
	Exkursion: Sportplätze sind auch Flächen	L35
V Körper	1 Körper und Netze	L36
	2 Quader	L38
	3 Schrägbilder	L39
	4 Rauminhalt eines Quaders	L40
	5 Rechnen mit Rauminhalten	L41
	Wiederholen – Vertiefen – Vernetzen	L43
VI Ganze Zahlen	1 Negative Zahlen	L45
	2 Anordnung, Betrag	L46
	3 Zunahme und Abnahme	L46
	4 Addieren und Subtrahieren einer positiven Zahl	L47
	5 Addieren und Subtrahieren einer negativen Zahl	L47
	6 Verbinden von Addition und Subtraktion	L48
	7 Multiplizieren von ganzen Zahlen	L49
	8 Dividieren von ganzen Zahlen	L50
	9 Verbindung der Rechenarten	L51
VII Sachthema: Ferien am Bodensee		L52
VIII Sachthema: Rund ums Pferd		L55

I Natürliche Zahlen

1 Zählen und Darstellen

Seite 11

1 a)

Alter	9 Jahre	10 Jahre	11 Jahre	12 Jahre
Anzahl	2	10	15	1

Maßstab z. B. 1 Kästchen (0,5 cm) für einen Schüler auf der Hochachse.

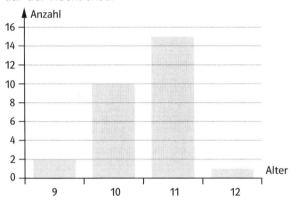

b) individuelle Lösung

2

Geschwister	Keine	Ein	Zwei	Drei	Mehr
Anzahl	11	8	5	3	1

Maßstab z. B. 1 Kästchen (0,5 cm) für einen Schüler auf der Hochachse.

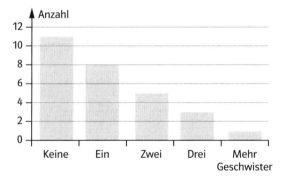

Seite 12

3 a) Die meisten Ferientage hat die Türkei (110 Tage). Die wenigsten Ferientage haben Deutschland und Spanien (75 Tage).
b)

Land	Anzahl der Ferientage
Deutschland	75
Frankreich	95
Italien	90
Türkei	110
Spanien	75
Großbritannien	80

c) Das kann man ohne weitere Informationen nicht sagen. Man müsste wissen, wie lange die Kinder an jedem Schultag in der Schule sind.

4 a)

Tier	Alter in Jahren
Kaninchen	5
Amsel	15
Kamel	40
Eule	50
Elefant	70
Adler	100
Karpfen	120
Riesenschildkröte	200

b) Maßstab z. B. 1 Kästchen (0,5 cm) für 2 Jahre.

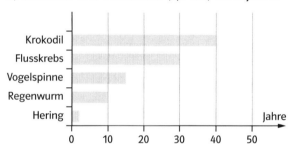

5 bis **7** individuelle Lösungen

Seite 13

8 individuelle Lösung

9 a) individuelle Lösung
Ein Ergebnis könnte so aussehen:

Zahl	1	2	3	4	5	6	7	8	9	10	11	12
Anzahl	17	18	19	21	22	24	8	7	6	4	3	1

b) Siehe Tabelle unter a).
c) individuelle Lösung
d) Man streicht zuerst die Zahlen weg, die in der Tabelle a) weniger oft vorkommen. Sind die Ergebnisse eines Wurfes z. B. 3 und 5, sollte man zuerst die 8 streichen. Falls die 8 schon gestrichen ist, sollte man die 3 streichen.

10 In deutschen Texten ist der häufigste Buchstabe im Allgemeinen das „e". Dies ist um so sicherer der Fall, je länger der Text ist. In dem vorliegenden

Geheimtext liegen folgende Buchstabenhäufigkeiten vor:

a	b	c	d	e	f	g	h	i	j	k	l	m
2	3	12	0	2	3	2	0	0	0	0	3	0

n	o	p	q	r	s	t	u	v	w	x	y	z
0	0	3	2	1	2	0	0	0	0	0	0	3

Der häufigste Buchstabe ist das „c". Die Scheibe wird so gedreht, dass sich das „e" auf dem äußeren Ring und das „c" auf dem inneren Ring gegenüber stehen. Nun entschlüsselt man die Buchstaben vom inneren Ring zum äußeren Ring. Der Geheimtext lautet: BEI DER DREHSCHEIBE STEHEN E UND C GEGENUEBER.

2 Große Zahlen

Seite 15

1 a) 4700; 24 100; 104 500; 89 000; 287 100; 3 700 400; 10 000
b) 5900; 76 800; 19 500; 100 100; 7 000 000; 34 400; 222 200

2 a) 43 687; gerundet 44 000.
b) 3 640 983; gerundet 3 641 000.
c) 949 500; gerundet 950 000.

Seite 16

3 a) 3 455 090 b) 3 455 100 c) 3 455 000
d) 3 460 000 e) 3 500 000

4 a) 2 €; 9 €; 12 €; 101 €; 99 €.
b) 30 €; 90 €; 140 €; 400 €; 2010 €.
c) 400 €; 600 €; 2900 €; 44 000 €; 10 000 €.

5 a) 222 > 102 b) 3000 > 103
c) 10^5 > 4109 d) 14 000 > 10^4
e) 6 000 000 > 10^6

6 a) 100 000 000 b) 9 999 999
c) 9 876 543 210 d) 1 023 456 789

7 a) 456 788; 456 790 b) 99 998; 100 000
5 000 998; 5 001 000 8 098 999; 809 901
c) 749 999; 750 001 d) 6 999 999; 7 000 001
100 099; 100 101 909 908; 909 910

8 a) 999 999; 1 000 001 b) 99; 101
99 999; 100 001 9 999 999; 10 000 001
c) 9999; 10 001 d) 9999; 10 001
2 999 999; 3 000 001 1 999 999 999; 2 000 000 001

9 Einwohnerzahlen z. B. auf 100 000 gerundet:

Berlin	Hamburg	München	Köln
3 600 000	1 700 000	1 200 000	1 000 000

Frankfurt	Essen	Dortmund	Stuttgart
700 000	600 000	600 000	600 000

Maßstab z. B.: 100 000 Einwohner entsprechen 0,5 cm auf der Hochachse.

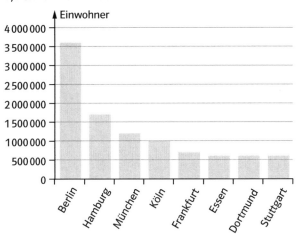

10 a)

Land	Bevölkerung
Dänemark	5 000 000
Portugal	10 000 000
Belgien	10 000 000
Griechenland	10 000 000
Niederlande	15 000 000
Spanien	40 000 000
Frankreich	55 000 000
Großbritannien	60 000 000
Italien	60 000 000
Deutschland	80 000 000

b) Einwohnerzahlen auf 1 Million gerundet.
Norwegen: 4 Millionen; Finnland: 5 Millionen;
Schweden: 8 Millionen; Dänemark: 5 Millionen;

Land	Bevölkerung; ♦ = 1 Million
Norwegen	♦ ♦ ♦ ♦
Finnland	♦ ♦ ♦ ♦ ♦
Schweden	♦ ♦ ♦ ♦ ♦ ♦ ♦ ♦
Dänemark	♦ ♦ ♦ ♦ ♦

11 a) Um eine der Zahlen 335; 336; ...; 344.
b) Zehn Zahlen: 625; 626; ...; 634.
c) Hundert Zahlen: 550; 551; 552; ...; 649.

Seite 17

12 Darstellung z.B. im Säulendiagramm; Maßstab: 1 Million entspricht 0,5 cm auf der Hochachse.

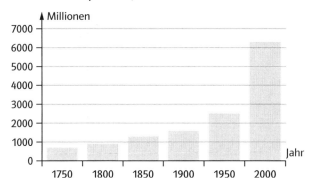

13 Darstellung z.B. im Balkendiagramm; Maßstab: 1 Millionen entsprechen 1 cm; Werte dazu geschrieben.

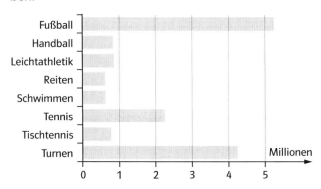

14 Das ist nur möglich, wenn Herr Kranz alle Geldbeträge auf 100 € rundet. Dann könnte es so gewesen sein:
Die Hose hat 50 € gekostet (gerundet 100 €).
Die Jacke hat 150 € gekostet (gerundet 200 €).

15 Die genaue Zahl der Erbsen im vollen Gefäß beträgt mindestens 4350 und höchstens 4449. Im halb vollen Gefäß sind also mindestens 2175 und höchstens 2224 (oder 2225) Erbsen.

16 Die kleinste Zahl ist 28.

17 Kontrollaufgabe nach dem Lesen oder Vorspielen: Finde eine andere Zahl, bei der das Ergebnis beim „nacheinander" Runden auf Zehner und Hunderter nicht mit dem richtigen Ergebnis beim Runden auf Hunderter übereinstimmt.

18 individuelle Lösung

3 Rechnen mit natürlichen Zahlen

Seite 18

Einstieg: Die Berechnung von Michael führt zu einem Fahrpreis von 41 € + 22 € + 4 · 5 € = 83 €. Es ist günstiger zwei Zehnerkarten zum Gesamtpreis von 82 € zu kaufen.

Seite 19

1
a) 40　　b) 27　　c) 88　　d) 4
　 43　　　 38　　　 63　　　 4
　138　　　 39　　　120　　　 4
　265　　　180　　　210　　　30
　1011　　 660　　　156　　　24

2
a) 750　　b) 200　　c) 480　　d) 4
　 50　　　6000　　　126　　　166
　 38　　　 145　　　　6　　　290
　 98　　　　24　　　234　　　 95

3
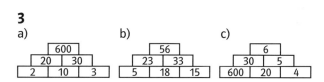

4 a) 4 · 20 = 80; 49 + 29 = 78
b) 34 + 33 = 67; 9 · 12 = 108
c) 112 : 14 = 8 oder 112 : 8 = 14; 89 + 88 = 177
d) 84 − 17 = 67 oder 84 − 67 = 17;
96 : 6 = 16 oder 96 : 16 = 6

5 Die fehlende Zahl heißt:
a) 22　　b) 8　　c) 90　　d) 24
　 56　　　103　　　1800　　106

6
a)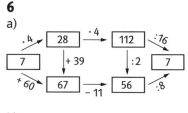

b)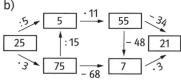

Seite 20

7 Die fehlenden fünf Zahlen sind fett gedruckt.
a) 7, 16, 25, 34, **43, 52, 61, 70, 79**. Zur Zahl wird jeweils 9 addiert.

b) 2, 4, 8, 16, **32, 64, 128, 256, 512**. Die Zahl wird jeweils verdoppelt.
c) 3, 4, 6, 9, 13, **18, 24, 31, 39, 48**. Es werden nacheinander die Zahlen 1, 2, 3, 4, 5, 6, usw. addiert.
d) 2, 4, 3, 6, 5, 10, **9, 18, 17, 34, 33**. Es wird abwechselnd die Zahl verdoppelt oder 1 von der Zahl subtrahiert.

8 a) Von 47 bis 50 fehlen 3, von 50 bis 100 fehlen 50, von 100 bis 111 fehlen 11, zusammen 64.
Es fehlt 64.
b) 7 · 12 = 84   c) 14 · 14 = 196
d) 87 − 39 = 48   e) 91 : 7 = 13

9 Das Lösungswort lautet FINNLAND.

10 a) 64   b) 58
c) Mit 111, da 9 · 111 = 999
d) 176   e) sechsmal

11 a) 1 + 2 + 3 + 4 + 5 + 6 = 21
b) 1 · 2 · 3 · 4 · 5 · 6 = 720

12 Es können 2 Vierergruppen vorkommen (zusammen mit 7 Dreiergruppen).
Es können 5 Vierergruppen vorkommen (zusammen mit 3 Dreiergruppen).

13 Wurst und Brot kosten zusammen 10,30 €. Sie kann beides einkaufen und hat noch 70 ct übrig.

14 a) Von 1955 bis 1975: Abnahme um 270. Von 1975 bis 1990: Zunahme um 90. Von 1990 bis heute: Zunahme um 240. Es gibt heute 360 Störche, also im Vergleich zu 1955 60 Störche mehr.
b) Individuelle Lösung

Seite 21

15 Es sind 44 Tierbeine.

16 Man spart 6 €.

17 Kinder zahlen 12 €, Erwachsene zahlen 24 €.
Anleitung: Man rechnet die beiden Erwachsenen wie 4 Kinder; es fahren also 7 Kinder; 84 € : 7 = 12 €.

18 Es gibt mehrere Möglichkeiten. Zum Beispiel 5a, 5b, 6a, zusammen 93; 5c, 6c, 6b, zusammen 93.

19 a) Die Summe wird doppelt so groß.
b) Die Differenz ändert sich nicht.
c) Das Produkt wird sechsmal so groß.

20 Die Familie kann 24 Tage wechseln.
Anleitung: Man füllt eine Tabelle mit den Sitzplatznummern 1, 2, 3 und 4 aus und zählt die Möglichkeiten.

Vater	Mutter	Tochter	Sohn
1	2	3	4
1	2	4	3
3	1	2	4
…	…	…	…

21 In der Familie sind 5 Kinder, da es nur eine Tochter gibt.

22 Am Tisch sitzen Großmutter, Mutter und Tochter.

23 Es entsteht immer die Zahlenfolge
4 − 2 − 1 − 4 − 2 − 1 − 4 − 2 − 1 usw.
(Für diese Tatsache gibt es bis heute keinen Beweis.)

4 Größen messen und schätzen

Seite 23

1 individuelle Lösung

Seite 24

2 Auto: Gewicht 1 t; Länge 4 m.
Bett: Länge 2 m; Schlafdauer 8 h.
Farbstift: Länge 14 cm; Gewicht 5 g.
Turnschuh: Gewicht 200 g; Länge 3 dm.
Sprinter: Länge 100 m; Zeitdauer 10 s.
Stecknadel: Gewicht 1 g; Länge 3 cm.

3 individuelle Lösung

4 individuelle Lösung

5 individuelle Lösung

6 Bei einem geschätzten Gewicht von 30 kg sind es neun Fünftklässler.
Bei einem geschätzten Gewicht von 35 kg sind es acht Fünftklässler.
Bei einem geschätzten Gewicht von 40 kg sind es sieben Fünftklässler.
Bei einem geschätzten Gewicht von 45 kg sind es sechs Fünftklässler.
Bei einem geschätzten Gewicht von 50 kg sind es fünf Fünftklässler.

7 a) individuelle Lösung. (Wenn möglich Messwert besorgen.)

b) Individuelle Lösung. Die Schätzung wird verbessert, wenn man z.B. einen Schultag in Phasen einteilt: Vom Aufstehen bis zum aus dem Haus gehen: 5-mal
Bis Schulschluss: 6-mal
Zu Hause bis zum Abendessen: 8-mal
Vom Abendessen bis zum Zubettgehen: 8-mal.
Zusammen 27-mal. (Die Schätzungen hängen sehr von den Umständen ab.)
c) Individuelle Lösung. (Genaue Zahl von der Schulleitung besorgen.)
d) Individuelle Lösung. (Messen des Gewichtes z.B. so: Der Arm wird in eine wassergefüllte Wanne gesenkt und das Gewicht des überlaufenden Wassers wird gemessen.)

8 a) Individuelle Lösung. (Der Umfang einer Saftflasche beträgt zwischen 25 cm und 29 cm.)
b) 100 Blatt Papier wiegen eindeutig mehr (etwa 400 g).
c) individuelle Lösung

9 individuelle Lösung

10 individuelle Lösung

5 Mit Größen rechnen

Seite 26

1
a) 2000 m
4 m
6 m
10 000 m
b) 3000 kg
8 kg
10 000 kg
10 kg
c) 500 cm
7 cm
20 cm
1000 cm
d) 60 min
2 min
180 min
10 min
e) 7000 g
10 000 g
1 g
10 g

2
a) 60 dm
300 ct
12 t
660 s
b) 51 000 g
5 cm
4 h
3000 mg
c) 96 h
6 t
30 m
16 km
d) 35 cm
5 min
3000 cm
5000 g

3 a) 50 g $\xrightarrow{\cdot 10}$ 500 g $\xrightarrow{\cdot 10}$ 5 kg $\xrightarrow{\cdot 10}$ 50 kg $\xrightarrow{\cdot 10}$ 500 kg $\xrightarrow{\cdot 10}$ 5 t
b) 6 cm $\xrightarrow{\cdot 10}$ 6 dm $\xrightarrow{\cdot 10}$ 6 m $\xrightarrow{\cdot 10}$ 60 m $\xrightarrow{\cdot 10}$ 600 m $\xrightarrow{\cdot 10}$ 6 km
c) 30 min $\xrightarrow{\cdot 4}$ 2 h $\xrightarrow{\cdot 4}$ 8 h $\xrightarrow{\cdot 4}$ 32 h = 1 d 8 h $\xrightarrow{\cdot 4}$ 128 h = 5 d 8 h $\xrightarrow{\cdot 4}$ 512 h = 21 d 8 h

4
a) 3400 g < 40 kg
40 dm > 305 cm
70 min < 3 h
805 cm > 70 dm
b) 30 dm > 294 cm
2 h > 115 min
20 000 g < 1 t
2400 h > 7 d
c) 1 d > 21 h
488 mg < 1 g
4 km < 20 000 m
4 min > 83 s
d) 50 mm < 6 cm
1 dm < 234 mm
11 mg < 1 g
1 h < 6000 s

5 3 Pfund; 1500 g; 1 kg 500 g
2 kg 100 g; 2100 g
600 s; 10 min
3 m; 300 cm; 30 dm
72 h; 3 d

Seite 27

6
a) 900 cm
7000 g
48 h
50 000 m
b) 5000 g
10 000 m
180 s
1800 ct
c) 12 000 kg
120 min
40 dm
29 000 g
d) 600 s
30 000 g
400 dm
120 h
e) 800 ct
7000 kg
300 mm
10 000 mg

7
a) 4 dm
3 €
2 t
5 d
b) 5 h
4 m
10 €
20 dm
c) 20 t
4 km
3 cm
11 min
d) 4 €
17 t
34 km
3 h
e) 8 cm
4 g
3 d
30 kg

8
a) 3 kg 100 g
6 km 8 m
1 h 20 min
1 m 17 cm
b) 4 m 1 dm
2 kg 400 g
2 d 12 h
3 km 407 m
c) 8 cm 4 mm
6 kg 800 g
4 d 4 h
10 km 40 m
d) 1 min 20 s
1 dm 2 cm
1 kg 250 g
2 d 5 h
e) 3 g 400 mg
1 min 30 s
3 m 7 cm
1 min 50 s

9
a) 74 cm
2050 kg
23 cm
20 500 g
b) 3600 g
205 mm
5370 g
1280 m
c) 3500 m
3200 mg
430 cm
350 kg

10 a) 9 h 10 min b) 7 h 50 min c) 10 h 58 min

11 Der Waggon ist mindestens 36 m lang.

12

a)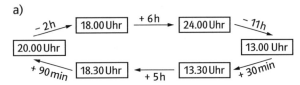

b)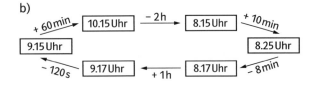

Seite 28

13 Michas Lieblingsspielzeug ist ein Fußball.

14 individuelle Gestaltung

15 Auf dem Foto sind 7 Polizisten zu erkennen. Das Motorrad ist um 5 · 75 kg = 375 kg überladen. Falls man 8 Polizisten erkennt, ist es um 6 · 75 kg = 450 kg überladen.

16 Der Komet erscheint alle 76 Jahre, die nächsten Male in den Jahren 2062 und 2138.

17 Diese Maße gibt es noch in einigen englischsprachigen Ländern:
1 Gallon (US) = 3,8 Liter   1 Gallon (GB) = 4,5 Liter
1 Yard = 91 cm   100 Yard = 91 m
1 Zoll = 26 mm   17 Zoll = 442 mm
1 foot = 305 mm   1000 feet = 305 m

6 Größen mit Komma

Seite 30

1

	m	cm	t	kg
Walhai	15	20	10	500
Manta	4	40	1	600
Wels	2	50	0	300
Karpfen	0	40	0	3

2
a) 12 dm   b) 4500 g   c) 3700 g
   1200 g   78 dm   2374 ct
   205 mm   34 700 m   3500 kg
   15 050 m   2004 kg   2090 m
d) 4700 m   e) 21 mm
   12 200 g   8900 g
   46 cm   5200 m
   20 050 kg   1001 cm

3
a) 3,680 kg   b) 3,700 km   c) 3,4 dm
   11,400 km   1,250 kg   6,600 t
   23,0 cm   45 dm (4,50 m) 34,100 km
   7,060 t   1,405 t   10,010 km
d) 4,500 t   e) 13,4 dm (1,34 m)
   56 dm (5,60 m) 2,4 cm
   2,050 km   3,560 kg
   10,100 km   2,091 t

4
a) 250 cm   b) 2100 g   c) 9500 kg   d) 4,5 km
   205 cm   2100 g   600 kg   100 km
   1,2 cm   2010 g   100 000 kg   0,7 km
   10,2 cm   2001 g   10 090 kg   0,850 km

Seite 31

5 a) 645 g gehört nicht dazu.
b) 37 m 8 cm gehört nicht dazu.
c) 1 dm 5 cm gehört nicht dazu.
d) 15 000 dm gehört nicht dazu.

6
a) 7,4 m   b) 7 kg   c) 2880 m   d) 1,3 t
   3,8 kg   2,1 m   1650 g   4,3 m
   45 mm   4,5 cm   750 kg   43,6 g
   9,6 km   3850 kg   26,8 cm   25,2 km

7
a) 13 cm   b) 7,2 kg   c) 5 g   d) 8,8 m
   42,9 km   16,5 dm   90 cm   14,1 kg
   90 cm   0,9 g   2040 m   400 g

8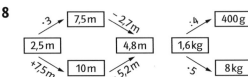

9 Es fehlen Jana noch 77,3 kg.

10

Unterschied beim Weitsprung	Unterschied beim Kugelstoßen	Unterschied beim Speerwurf	Unterschied beim 1500-m-Lauf
84 cm	7,79 m	28,32 m	57 s

11 individuelle Gestaltung

7 Primzahlen

Seite 33

1 a) Ja, 84 = 6 · 14   b) Nein
c) Nein   d) Nein

2 a) 1, 2, 3, 6, 9, 18.
b) 1, 2, 4, 5, 8, 10, 20, 40.
c) 1, 2, 3, 4, 6, 8, 9, 12, 18, 24, 36, 72.
d) 1, 7, 11.
e) 1, 3, 9, 27, 81.

3 a) 8, 32, 64, 80, 400, 800, 1000.
b) 1, 2, 3, 5, 6, 7, 10, 70, 210.

4 a) 2 · 2 · 3   b) 2 · 2 · 5
c) 2 · 17   d) 2 · 2 · 2 · 2 · 5
e) 2 · 2 · 5 · 5   f) 2 · 2 · 2 · 2 · 3 · 3

5

	Tafel 4×4	Tafel 2×6	Tafel 4×5	Tafel 5×5	Tafel 3×4
Tafel geeignet für	2, 4, 8, 16 Personen	2, 3, 4, 6, 12 Personen	2, 4, 5, 10, 20 Personen	5, 25 Personen	2, 3, 4, 6, 12 Personen

Die Firma soll die Tafelgröße 2 × 6 oder 4 × 5 oder 3 × 4 herstellen.

6 Eine Zahl ist durch 2 teilbar, wenn die Einerziffer der Zahl eine 2, eine 4, eine 6, eine 8 oder eine 0 ist.
Eine Zahl ist durch 5 teilbar, wenn die Einerziffer der Zahl eine 5 oder eine 0 ist.
Eine Zahl ist durch 10 teilbar, wenn die Einerziffer der Zahl eine 0 ist.

7 a) Falsch   b) Richtig   c) Richtig

8 1-mal 2 €; 2-mal 1 €; 4-mal 50 ct; 10-mal 20 ct; 20-mal 10 ct; 40-mal 5 ct; 100-mal 2 ct; 200-mal 1 ct.

9 Die Stufenhöhe in cm muss ein Teiler von 240 sein. Folgende Stufenhöhen kommen in Frage: 20 cm und 24 cm.

10 individuelle Lösung, z. B.

Angeber	Verwandte	Fremde	Familie
39, 51, 57, 87, …	2 und 4, 5 und 20, …	2 und 3, 25 und 9, …	3, 9, 27, …

11 a) Stimmt. Von zwei aufeinander folgenden Zahlen ist die eine gerade und die andere ungerade.
b) Stimmt. Bei drei aufeinander folgenden Zahlen hat eine beim Teilen durch 3 den Rest 0, eine den Rest 1 und eine den Rest 2.
c) Stimmt. Die Primzahlen können
– nicht in der zweiten Spalte stehen: Diese Zahlen sind durch 2 teilbar.
– nicht in der dritten Spalte stehen: Diese Zahlen sind durch 3 teilbar.
– nicht in der vierten Spalte stehen: Diese Zahlen sind durch 2 teilbar.
– nicht in der sechsten Spalte stehen: Diese Zahlen sind durch 2 teilbar (und durch 3 teilbar).
d) Falsch. In der sechsten Zeile steht dort die Zahl 35.

8 Römische Zahlzeichen

Seite 35

1
a) 5   b) 12   c) 7
200   1100   900
152   91   1900
1096   2700   2040
d) 15   e) 120
90   510
2900   910
3600   3710

2
a) VIII   b) XVI   c) XIII
XVII   XXII   XL
LXXIX   CLX   CXC
DCCLXXXVIII   MCDL   MDC
d) IX   e) XIV
XXIV   XXV
CXCVII   CLXXXIX
MCCCLXXIX   MDCLXXVII

3 individuelle Lösung

4 Kolumbus entdeckt Amerika: MXDII = 1492.
Der erste Mensch landet auf dem Mond: MCMLXIX = 1969.
Karl der Große wird zum Kaiser gekrönt: DCCC = 800.
Der Eiffelturm wird gebaut: MDCCCLXXXIX = 1889.

5 Gründung der Universität: 1477. Fertigstellung des Neubaus: 1932 (Viermal C hintereinander ist unüblich.)

6 V + I = VI   X – I = IX   VII + I = VIII

7 Cäsar führte vom Jahre 58 v. Chr. bis zum Jahre 51 v. Chr. in Gallien Krieg. Das Datum 58 v. Chr. der Schlacht gegen Ariovist ist belegt. Claudius, der behauptet, bei der Schlacht dabei gewesen zu sein, konnte aber die Kalenderzählung „vor Christus" nicht benutzen. Die historische Gestalt Jesus konnte ihm zu Lebzeiten nicht bekannt sein.

9 Das Zweiersystem

Seite 36

Connys Finger haben folgende Bedeutung:
Kleiner Finger: 1   Ringfinger: 2
Mittelfinger: 4   Zeigefinger: 8
Kleiner Finger und Ringfinger: 1 + 2 = 3.

Seite 37

1
a) 2	b) 6	c) 3	d) 7	e) 2
5	14	1	11	15
13	9	8	24	23
31	17	21	16	51

2
a) $(110)_2$ b) $(100)_2$ c) $(1000)_2$
   $(1001)_2$ $(1010)_2$ $(1011)_2$
   $(1110)_2$ $(1100)_2$ $(10100)_2$
   $(100000)_2$ $(101000)_2$ $(100001)_2$
d) $(101)_2$ e) $(11)_2$
   $(10000)_2$ $(111)_2$
   $(11110)_2$ $(10001)_2$
   $(100010)_2$ $(110010)_2$

3 $(1)_2$; $(10)_2$; $(11)_2$; $(100)_2$; $(101)_2$; $(110)_2$; $(111)_2$; $(1000)_2$; $(1001)_2$; $(1010)_2$; $(1011)_2$; $(1100)_2$; $(1101)_2$; $(1110)_2$; $(1111)_2$; $(10000)_2$; $(10001)_2$; $(10010)_2$; $(10011)_2$; $(10100)_2$; $(10101)_2$; $(10110)_2$; $(10111)_2$; $(11000)_2$; $(11001)_2$; $(11010)_2$; $(11011)_2$; $(11100)_2$; $(11101)_2$; $(11110)_2$; $(11111)_2$; $(100000)_2$; …

4 a) $(11)_2$ = 3. Vorgänger: $(10)_2$; Nachfolger: $(100)_2$.
b) $(111)_2$ = 7. Vorgänger: $(110)_2$; Nachfolger: $(1000)_2$.
c) $(10)_2$ = 2. Vorgänger: $(1)_2$; Nachfolger: $(11)_2$.
d) $(100)_2$ = 4. Vorgänger: $(11)_2$; Nachfolger: $(101)_2$.
e) $(1010)_2$ = 10. Vorgänger: $(1001)_2$; Nachfolger: $(1011)_2$.

5 Robert ist am 29.8.79, also am 29. August 1979 geboren.

6 a) Die Zahlen von 1 bis 63.
b) 7 Stellen.

7 Ja, das stimmt. Die Längen der Holzstücke entsprechen dem Wert der ersten 5 Stellen im Zweiersystem. Damit kann man alle Längen von 1 cm bis 31 cm durch Aneinanderlegen der Stäbe erzeugen.

8 a) Die Zahl verdoppelt sich.
b) Sie ist gerade, wenn die Einerziffer 0 ist, sonst ungerade.

9 individuelle Gestaltung

Wiederholen – Vertiefen – Vernetzen

Seite 38

1 a) Jens: 13,6 g Eiweiß; 100 g Fett; 116 g Kohlenhydrate
Grete: 13,35 g Eiweiß; 14,9 g Fett; 73,9 g Kohlenhydrate (Der Apfel wurde mit 100 g gerechnet.)
b) Individuelle Lösung, bei einem Körpergewicht von z. B. 40 kg beträgt der Tagesbedarf Eiweiß 60 g; Fett 40 g; Kohlenhydrate 200 g.
Dies wird in etwa bereitgestellt von z. B. 300 g Brot, 100 g Fisch, 100 g Käse und 100 g Apfel.
(Eiweiß 67 g, Fett 45 g, Kohlenhydrate 192 g)

2 a) Individuelle Lösung, z. B. Säulendiagramm; Maßstab: 1 g Eiweiß entspricht 1 Kästchen (0,5 cm).
b) Man setzt bei einem Säulendiagramm jeweils drei verschiedenfarbige Säulen nebeneinander. Gehalt von 100 g eines Nahrungsmittels an Eiweiß, Fett und Kohlenhydraten.

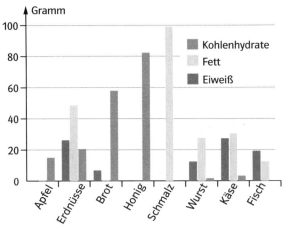

3 1. Anke   2. Christa   3. Torsten   4. Bernd

4 a) individuelle Lösung
b) Individuelle Lösung, z. B.
Die Boeing 747 benötigt bei nicht einmal doppelter Reichweite wie ein Airbus A 319 die etwa siebenfache Treibstoffmenge. Dafür kann sie fast die dreifache Passagierzahl befördern.

Der Airbus A 380 transportiert doppelt so viele Passagiere wie die Boeing 747 und hat eine größere Reichweite wie sie, braucht dafür aber nicht den doppelten Treibstoff wie die Boeing 747.
c) Weitere Vergleichsmöglichkeiten: Passagierzahl und Leergewicht; Länge und Spannweite; Flügelfläche und Passagierzahl.

Seite 39

5 individuelle Lösung

6 individuelle Lösung

7 Die Größen sollten mit den üblichen Maßeinheiten angegeben werden;
Wie ich einen guten Kuchen backe
Wenn man wie ich nur **41 kg** wiegt und **1 m 45 cm** lang ist, sollte man hin und wieder einen Kuchen essen. Danach muss ich dann meinen Gürtel um die Winzigkeit von **2 cm** weiter stellen. Am leichtesten geht Rührkuchen. Dazu nehme ich **500 g** Mehl. Das ist gar nicht so viel, wie es auf den ersten Blick aussieht. Dazu **250 g** Margarine, ein bisschen Milch und ein paar Eier. Alles in eine Schüssel und gut rühren. Halt, fast hätte ich den Zucker vergessen. Oh je, wir haben nur noch **100 g** da, hoffentlich reicht das. Noch mal kräftig gerührt und dann zack in die Form und **20 min** bei 180 °C backen. Während der Kuchen im Ofen ist, spiele ich mit meinem Hund. Ich werfe einen Ball **22 m** in die Wiese hinaus und der Hund muss ihn holen. Wenn der Kuchen fertig ist, kommen alle aus nah und fern, sogar aus dem **4,5 m** entfernten Wohnzimmer, um ihn zu essen. So gut ist mein Kuchen!

8 Bei allen Monaten außer dem Februar bleibt die Tageszahl gleich.
Januar 31; März 31; April 30; Mai 31; Juni 30; Juli 31; August 31; September 30; Oktober 31; November 30; Dezember 31.
Anzahl der Februartage:

Jahr	2003	2004	2005	2006	2007	2008	2009
Anzahl	28	29	28	28	28	29	28

Jahr	2010	2011	2012	2013	2014	2015
Anzahl	28	28	29	28	28	28

9 a) 10 Tage
b) 22 + 31 + 30 + 31 = 114 Tage
c) 8 + 31 + 30 + 31 + 30 + 31 + 31 + 30 + 31 + 30 + 31 = 314 Tage.

10 a) Franz ist älter. b) Unterschied: 30 Tage.

Von Kerbhölzern, Hieroglyphen und Ziffern

Seite 42

Zu Fig. 1: Die Jahreszahl am Chorgestühl der Stiftskirche in Urach lautet 1472.

Ein Rätsel
Die gesuchten Wörter sind: Zweifel, zwischen, Zwiespalt, zweifelhaft, Zwillinge, entzweien, Zweisamkeit, Zwietracht, zwicken, Zwist, Abzweigung.

II Symmetrie

1 Achsensymmetrische Figuren

Seite 49

1

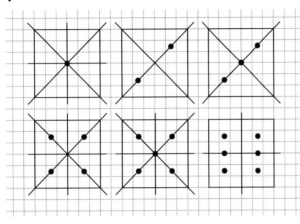

Seite 50

2

3

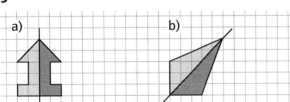

4

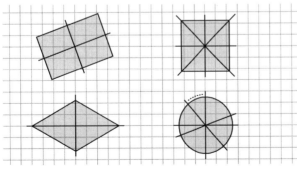

Beim Kreis gibt es unendlich viele Symmetrieachsen, die alle durch den Kreismittelpunkt gehen.

5

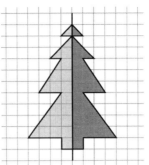

6 HEIKO BECK; HEIDI EICHE

7

a) 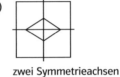   b)

zwei Symmetrieachsen   vier Symmetrieachsen

Seite 51

8

a)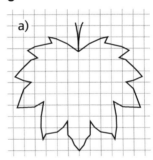

b)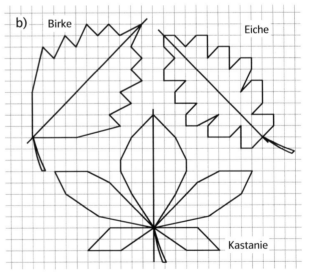

9 a) Buchstaben mit waagerechter Symmetrieachse: B; C; D; E; H; I; K; O; X
Buchstaben mit senkrechter Symmetrieachse: A; H; I; M; O; T; U; V; W; X; Y

b) Buchstaben mit mehreren Symmetrieachsen:
H; I; O; X

c)
M
A
O
A
M
   MAOAM

d) DIE HEXE ZAUBERN kann leider nur die Hexe.

e) O O H V M M   BEIDE   KOCH
   M T U O A O   BOB   EIBE
   A   T   M I   DIE   DEICH
   O   O

10

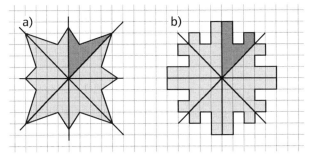

11

Die Bilder von außen und innen betrachtet sind genau Spiegelbilder zueinander.

12

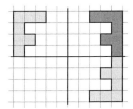

2 Orthogonale und parallele Geraden

Seite 53

1 parallele Strecken:
- gegenüberliegende Kanten des Tisches
- gegenüberliegende Kanten der Tafel
- gegenüberliegende Seiten des Spielfeldes
- Laufbahnmarkierung der 100 m-Bahn
- Notenlinien
- Taktstriche
- Straßenbahnschienen

orthogonale Strecken:
- benachbarte Kanten am Tisch
- Schreiblinie zum Rand im Heft
- Schenkel des Geodreiecks
- Haltelinie zur Straßenführung im Verkehr
- Notenhals zur Notenlinie
- Taktstrich zur Notenlinie

2 Mühltal – Am Steiger ist parallel zu Langetal – Ernst-Abbe-Platz
- Steinweg – Jena-O ist parallel zu Mühltau – Am Steiger
- Löbstedt – Universität ist parallel zu Am Steinbach – Schlachthofstr.
- Mühltal – Am Steiger ist orthogonal zu Löbstedt – Universität
- Closewitzer Str. – Schützenhofstr. ist orthogonal zu Langetal – Stadt-Zentrum und zu Mühltal – Am Steiger

3

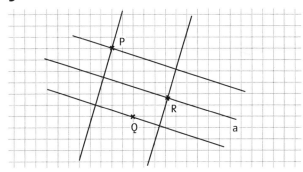

Seite 54

4 a∥c; d∥f; e∥g; h∥k; i∥l;
a⊥d; a⊥f; c⊥d; c⊥f; b⊥e; b⊥f

5

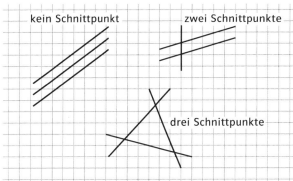

Die Aussage von Paula stimmt nicht. Drei Schnittpunkte entstehen nur, wenn die Geraden untereinander nicht parallel sind.

6 a) g∥h   b) g⊥h
c) g⊥h   d) g∥h
e) g∥h   f) g∥h

7 a) Bohrmaschine, Hammer und Schraubendreher können bei der Herstellung des Bilderrahmen verwendet werden, eignen sich jedoch nicht zur Absicherung von parallelen oder orthogonalen Kanten.
Lot:
– Senkrechtes Aufhängen des Bildes
Wasserwaage:
– waagerechtes Aufhängen des Bildes
– parallele und orthogonale Bilderrahmenkanten auf einem waagerechten Untergrund
Dreieck:
– orthogonale Bilderrahmenkanten
– parallele Bilderrahmenkanten durch zwei Messungen
Zirkel:
– prinzipiell zur Konstruktion von parallelen und orthogonalen Linien, jedoch für Bilderrahmen nicht geeignet, da zu klein
Gliedermaßstab:
– gleiche Längen gegenüberliegender Bilderrahmenkanten, parallele Kanten
– Faustregel 3 cm, 4 cm, 5 m zur Erzeugung von rechten Winkeln orthogonale Kanten (Pythagoras nicht erwähnen)
Schieblehre:
– gleicher Abstand von Kanten zu parallelen Kanten

b) Durch das mehrfache Messen des Abstandes zu einer Bezugsgeraden kann die Parallelität der Rahmenkanten geprüft werden, aber auch ob das Bild parallel zum Fußboden oder zum Türrahmen an der Wand hängt.

8

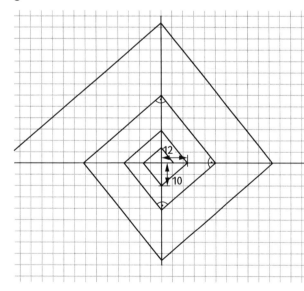

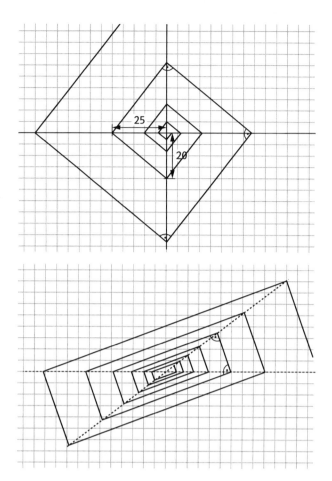

9

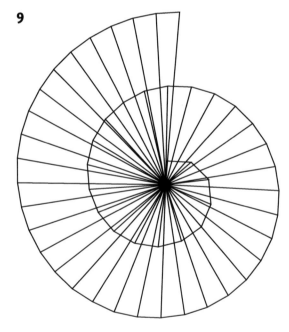

10

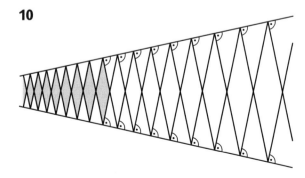

3 Figuren

Seite 57

1

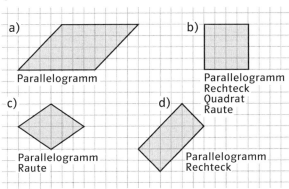

2 Da das Winkelmessen noch nicht behandelt wurde, können unterschiedliche Parallelogramme entstehen.

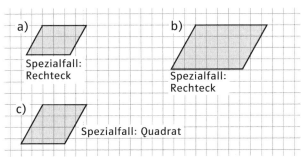

3

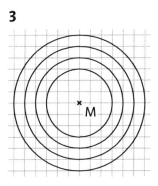

4 Beispiele für weitere Muster findet man auf der Randspalte. Es sind auch eigene Ideen gefragt.

5

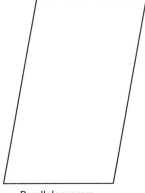

6 a)
– Gegenüberliegende Seiten sind parallel.
– Benachbarte Seiten sind zueinander orthogonal.
– Diagonalen sind gleich lang.
– Die Diagonalen halbieren einander.
b)
– Gegenüberliegende Seiten sind parallel.
– Die Diagonalen halbieren einander.

7 Parallelogramm, Raute, Quadrat (wenn die Schienen orthogonal zueinander verlaufen)

8 Raute:
– Gegenüberliegende Seiten sind parallel.
– Diagonalen halbieren einander.
– Diagonalen sind orthogonal zueinander.
Drachen:
– Diagonalen sind orthogonal zueinander.

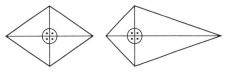

Seite 58

9

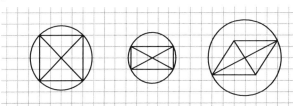

1. An Beispielen ausprobieren.
2. Einzelne Gegenbeispiele widerlegen die Möglichkeit eines Umkreises für ein Parallelogramm.
3. Nach allgemeiner Begründung für Quadrat und Rechteck suchen.
Diagonalenschnittpunkt ist Mittelpunkt für den Umkreis.
– Dies ist möglich, da sich die Diagonalen gegenseitig halbieren und die Diagonalen gleich lang sind.
– Damit hat jeder Eckpunkt denselben Abstand zum Kreismittelpunkt.
– Sollen zwei Punkte auf einem Kreis liegen, so müssen sie denselben Abstand zum Kreismittelpunkt haben.
– Der Kreismittelpunkt liegt also auf der Seitenhalbierenden.
– Im Quadrat und Rechteck schneiden sich die Seitenhalbierenden in einem Punkt.
(Im Parallelogramm haben Seitenhalbierende gegenüberliegender Seiten keine gemeinsamen Punkte.)

10

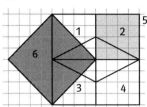

Rechtecke
Parallelogramme
(Raute)
(Drachen)
Dreieck
Trapez

11

a)
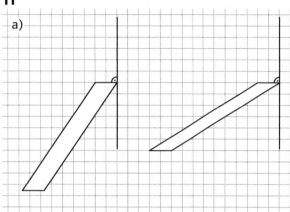

b) Die Scheibenwischblätter eines Busses stehen immer senkrecht. Die Scheibenwischblätter beschreiben Teile einer Kreisbahn. Die spezielle Lage wird durch die Drehbewegung einer Parallelogrammseite erreicht.

12

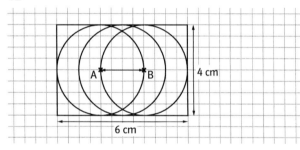

Der Radius der Kreise entspricht der halben Länge der kürzeren Rechteckseite. Die Mittelpunkte liegen auf der Strecke $\overline{AB}$.

13

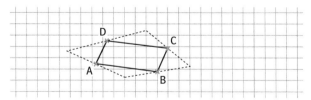

14 a) einhundertzwanzigtausend
b) vier Millionen zweihundertdreißigtausendeinhundertsechsundzwanzig
c) 2 300 000, zwei Millionen dreihunderttausend
d) 4 320 000, vier Millionen dreihundertzwanzigtausend

15 a) 3 492 227   b) 800 052

16 a) 25 km = 25 000 m   b) 15 m = 1500 cm
c) 13 000 cm = 130 m   d) 4 kg 23 g = 4023 g
e) 120 000 g = 120 kg   f) 2 t 75 kg = 2075 kg
g) 2 h 26 min = 146 min   h) 5 min 30 s = 330 s

17

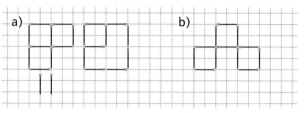

4 Koordinatensysteme

Seite 60

1 a) P (4|4)   b) P (5|3)

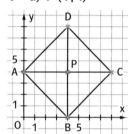 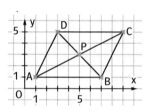

c) P (6|4)

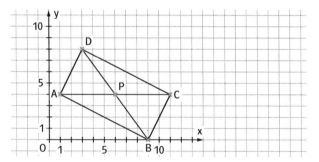

d) P (6|4)

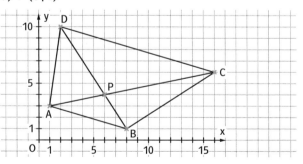

L14 II Symmetrie

2

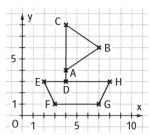

3 Quadrat: A(1|2), B(2|1), C(3|2), D(2|3)
Parallelogramm: E(4|2), F(4|1), G(9|2), H(9|3)
Rechteck: I(10|1,5), K(12|0,5), L(13,5|3,5), M(11,5|4,5)

4 Die Reihenfolge der Punkte ABCD wird berücksichtigt.
a) D(11|11)   b) D(7|0)   c) D(13|5)

5 (1|3), (3|3), (3|2), (5|1), (9|1), (5|3), (5|4), (9|6), (7|6), (8|8), (5|5), (4|6), (5|9), (2|6), (2|5), (3|4), (2|4), (1|3)

6 individuelle Gestaltung

Seite 61

7 a) C(0|1)   b) D(9|0)

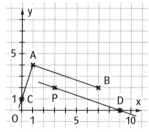

8 a) Dreieck: A(2|1), B(5|5), C(0|7)
Parallelogramm: A(1|4), B(3|0), C(5|4), D(3|8)
Quadrat: A(2|1), B(5|2), C(4|5), D(1|4)
b) Dreieck: M_{AB}(3,5|3), M_{BC}(2,5|6), M_{AC}(1|4)
Parallelogramm: M_{AB}(2|2), M_{BC}(4|2), M_{CD}(4|6), M_{AD}(2|6)
Quadrat: M_{AB}(3,5|1,5), M_{BC}(4,5|3,5), M_{CD}(2,5|4,5), M_{AD}(1,5|2,5)

9 S – P_1(1|1); P_2(8|3); P_3(11|1); P_4(18|6); P_5(19|1); P_6(27|1) – Z

10 D_1(5|4); D_2(1|0); D_3(5|8)

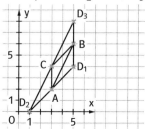

11 a) A(1|1), B(2|0), C(4|2), D(3|3), E(5|1), F(5|3)
b) A'(9|1); B'(8|0); C'(6|2); D'(7|3)

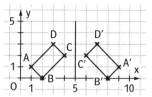

c) P(4|1); P'(10 – 4|1) = P'(6|1)

12 a) auf der x-Achse
b) auf einer Parallelen zur y-Achse durch den Punkt (2|0)
c) auf einer Geraden durch die Punkte (0|0) und (1|1)

13
a) 36 Punkte   b) 3 Ergebnisse

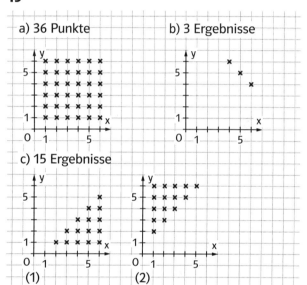

c) 15 Ergebnisse

(1)   (2)

Wenn die x-Koordinate die Augenzahl des roten Würfels ist, dann gilt (2). Ist die x-Koordinate die Augenzahl des gelben Würfels, dann gilt (1).

5 Punktsymmetrische Figuren

Seite 63

1

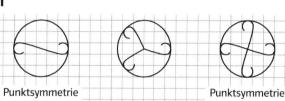

Punktsymmetrie   Punktsymmetrie

2 a) Rechteck – punktsymmetrisch
b) Trapez – nicht punktsymmetrisch
c) Drachen – nicht punktsymmetrisch
d) Raute – punktsymmetrisch
e) Quadrat – punktsymmetrisch

3

a)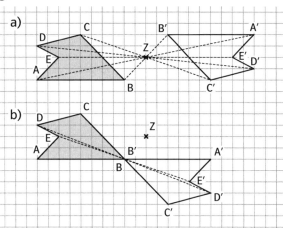

b)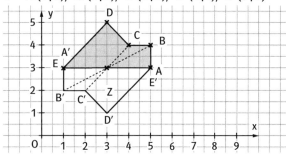

Seite 64

4 A'(1|3); B'(1|2); C'(2|2); D'(3|1); E'(5|3)

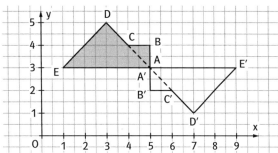

A'(5|3); B'(5|2); C'(6|2); D'(7|1); E'(9|3)

5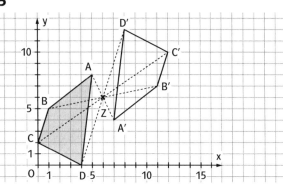

6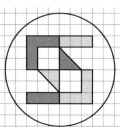

7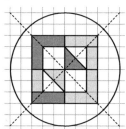

8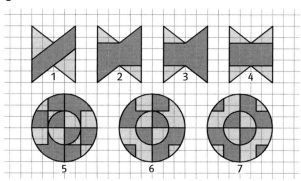

1 punktsymmetrisch
2 punktsymmetrisch
3 achsensymmetrisch
4 punkt- und achsensymmetrisch
5 punktsymmetrisch
6 –
7 punkt- und achsensymmetrisch

9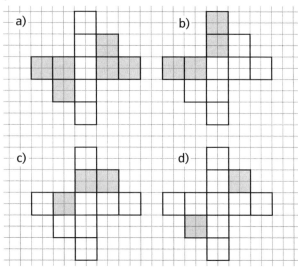

10

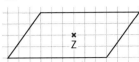

Jedes Parallelogramm erfüllt die gesuchten Eigenschaften.

Seite 65

11

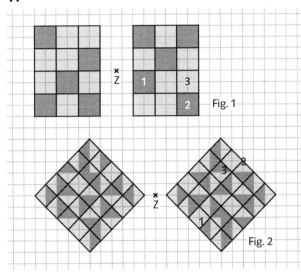

12 Summand + Summand = Summe
Faktor · Faktor = Produkt

13

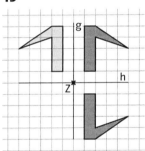

a) Die Ausgangsfigur und das zuletzt gezeichnete Bild liegen punktsymmetrisch zueinander. Das Symmetriezentrum ist Z.
b) Ja. Wird eine Figur nacheinander an den Geraden g und h gespiegelt, so entsteht ein Bild, welches punktsymmetrisch zur Ausgangsfigur liegt. Das Symmetriezentrum ist der Schnittpunkt der Geraden und g und h.
c) Liegen g und h nicht orthogonal zueinander, so entsteht keine punktsymmetrische Lage des Bildes zur Ausgangsfigur.

14 a) Skizze

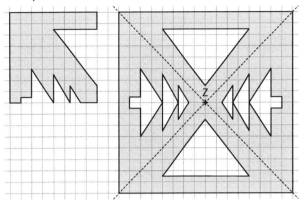

Die Figur ist achsen- und punktsymmetrisch.
b) Auch wenn das Quadrat entlang der Diagonale gefaltet wird, entsteht ein Schnittmuster mit Punkt- und Achsensymmetrie.

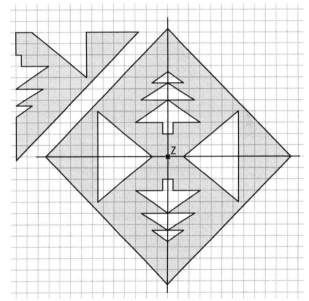

Wiederholen – Vertiefen – Vernetzen

Seite 66

1

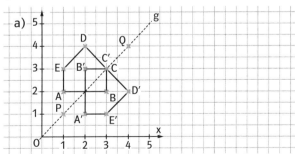

b) A'(2|1); B'(2|3); C'(3|3); D'(4|2); E'(3|1)

2

a)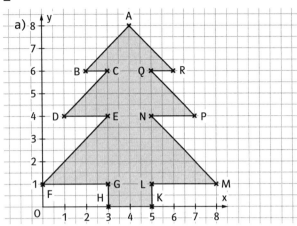

b) individuelle Lösungen

3

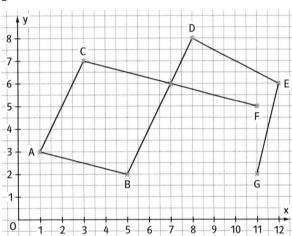

a)
$\overline{AB}$ = 4,1 cm $\overline{AC}$ = 4,5 cm $\overline{BD}$ = 6,7 cm
$\overline{CF}$ = 8,2 cm $\overline{DE}$ = 4,5 cm $\overline{EG}$ = 4,1 cm
CFBDACDEABEG
b) $\overline{CF} \parallel \overline{AB}$; $\overline{AC} \parallel \overline{BD}$
c) $\overline{CF} \perp \overline{EG}$; $\overline{AC} \perp \overline{DE}$ $\overline{AB} \perp \overline{EG}$; $\overline{BD} \perp \overline{DE}$

4 a)
Kreis: M(1|1); r = 1
Dreieck: $\triangle_1$ (0|2); (2|4); (0|4)
                 $\triangle_2$ (3|2); (5|2); (5|4)
Trapez: T_1 (0|2); (3|2); (5|4); (0|4)
                 T_2 (0|2); (5|2); (5|4); (2|4)
Rechtecke: R_1 (0|2); (5|2); (5|4); (0|4)
                 R_2 (0|2); (0|0); (3|0); (3|2)
                 R_3 (0|2); (0|0); (5|0); (0|4)
                 R_4 (0|0); (5|0); (5|4); (0|4)
Quadrat: Q_1 (3|0); (5|0); (5|2); (3|2)
Parallelogramm: P_2 (0|2); (3|2); (5|4); (2|4)

5

a)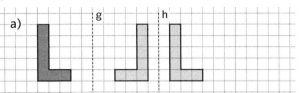

b) Das Endbild hat dieselbe Lage wie das Ausgangsbild. Die Bilder liegen nicht spiegelbildlich zueinander. Das Endbild kann nicht durch eine einzige Spiegelung aus dem Anfangsbild erzeugt werden.

6 a), b)

a), b)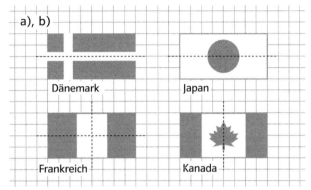

Alle Flaggen besitzen eine Symmetrieachse. Die Flagge Japans ist auch punktsymmetrisch.
c) Aufgrund ihrer Symmetrie sind folgende Flaggen interessant:

Argentinien	Bangladesch
Deutschland	Finnland
Großbritannien	Guatemala
Gugana	Honduras
Iran	Irak
Jamaika	Kenia
Laos	Libyen
Österreich	u.s.w.

Seite 67

7

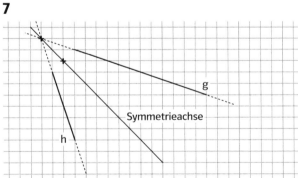

8 a) Die beiden Uhren zeigen dieselbe Zeit. Der Unterschied beträgt 0 Minuten.
b) 10.30 und 13.30   8.05 und 3.55
   6.00 und 6.00   5.45 und 6.15
   9.10 und 2.50   12.00 und 24.00

9

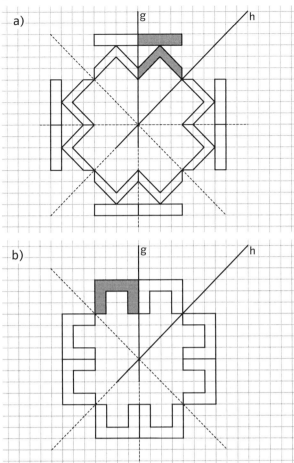

10 a), b) achsensymmetrisch für die ersten beiden Takte; punktsymmetrisch für die nächsten beiden Takte

11 a) Es gibt drei Möglichkeiten, die Punkte, A, B, C zu einem Parallelogramm zu ergänzen: $D_1(10|12)$; $D_2(0|10)$; $D_3(2|0)$.

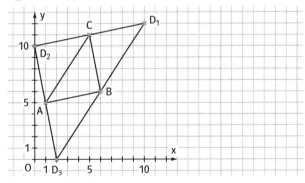

b) Es gibt eine Möglichkeit, ein Quadrat zu erhalten, und zwar mit $D_2(0|10)$.

12 $B(5|1)$; $D(3|7)$

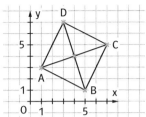

Man nutzt die Eigenschaften des Quadrats.
– Diagonalen halbieren einander.
– Diagonalen stehen orthogonal aufeinander.

13
a) 61 m
  92 mm = 9,2 cm
  5172 g = 5,172 kg
b) 56 g
  293 mm = 29,3 cm
  79 cm = 7,9 dm
c) 1978 g = 1,978 kg
  27 min
  190 min = 3 h 10 min
d) 194 cm = 1 m 94 cm
  312 mm = 31,2 cm
  260 min = 4 h 20 min

14 a) 134,32 € ≈ 130 €
14,50 € ≈ 10 €
435,40 € ≈ 440 €
104,99 € ≈ 100 €
1298,50 € ≈ 1300 €
b) 183,4 dm ≈ 183 dm
12 dm 7 cm ≈ 13 dm
136 cm = 13,6 dm ≈ 14 dm
14 563 mm = 145,63 dm ≈ 146 dm
2 m 6 cm = 20,6 dm ≈ 21 dm

III Rechnen

1 Rechenausdrücke

Seite 77

1
a) 120, 35, 70
b) 78, 64, 115
c) 1116, 52, 25
d) 48, 60, 1400

2 a)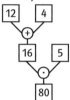
$(12 + 4) \cdot 5 = 80$

b)
$6 \cdot 7 + 8 = 50$

c)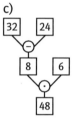
$(32 - 24) \cdot 6 = 48$

d)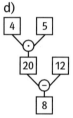
$4 \cdot 5 - 12 = 8$

3 a)
$3 \cdot 7 + 13 = 34$

$5 \cdot 3 + (15 - 5) = 25$

b)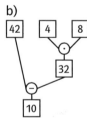
$42 - 4 \cdot 8 = 10$

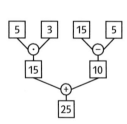
$2 \cdot 6 + 3 \cdot 9 = 39$

c)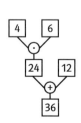
$4 \cdot 6 + 12 = 36$

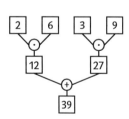
$8 \cdot (6 + 2) - 15 = 49$

d)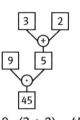
$9 \cdot (3 + 2) = 45$

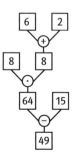
$(12 + 3 \cdot 2) - (4 \cdot 3 + 4) = 2$

4 a) 47 988 b) 42 350
c) 366 510 d) 613 452
e) 2520 f) 5875

Seite 78

5 a) 536 b) 943
c) 384 d) 372
e) 755 f) 179
QUEBEC
g) 231 h) 12
i) 1225 j) 7
k) 474 l) 179
KANADA

6 a) 493 b) 2676
c) 3192 d) 11
e) 2445 f) 13 700

7 a) $4 \cdot (5 + 9) \cdot 3$ b) $(2 \cdot 3 + 11) \cdot 5$
c) $5 \cdot (26 - 3 \cdot 6)$ d) $(8 + 2) \cdot (14 - 7)$

8 a) 75; 80; 57; 18; 90 FASAN
b) 201; 308; 303; 105; 608 STIFT

9 $5 + 3 \cdot 5 + 12 = 32$; $(5 + 3) \cdot 5 + 12 = 52$;
$5 + 3 \cdot (5 + 12) = 56$
$17 \cdot 2 + 2 - 1 = 35$; $17 \cdot (2 + 2) - 1 = 67$;
$17 \cdot (2 + 2 - 1) = 51$
$2 \cdot 25 - 3 \cdot 5 = 35$; $2 \cdot (25 - 3 \cdot 5) = 20$;
$(2 \cdot 25 - 3) \cdot 5 = 235$; $2 \cdot (25 - 3) \cdot 5 = 220$
$5 \cdot 12 - 2 \cdot 3 + 15 = 69$; $5 \cdot (12 - 2 \cdot 3 + 15) = 105$;
$(5 \cdot 12 - 2) \cdot 3 + 15 = 189$; $5 \cdot (12 - 2) \cdot 3 + 15 = 165$
$5 \cdot (12 - 2 \cdot 3) + 15 = 45$
$2 \cdot 3 + 4 \cdot 6 = 30$; $2 \cdot (3 + 4 \cdot 6) = 54$;
$(2 \cdot 3 + 4) \cdot 6 = 60$; $2 \cdot (3 + 4) \cdot 6 = 84$
$80 - 2 \cdot 5 + 3 \cdot 5 = 85$; $(80 - 2 \cdot 5 + 3) \cdot 5 = 365$;
$(80 - 2) \cdot 5 + 3 \cdot 5 = 405$; $80 - 2(5 + 3) \cdot 5 = 0$;
$80 - 2 \cdot (5 + 3 \cdot 5) = 40$

10 a) 2 b) 18
c) 2 d) 5
e) 5 f) 13

11 a) 45 · 24 + 5 · (43 + 39) = 1490
b) (49 · 28) · 5 · (38 − 21) = 116 620
c) [(25 · 41) + 34] · 13 = 13 767

12 a) Addiere zum Produkt von 12 und 25 das Produkt von 3 und 4. Ergebnis: 312
b) Addiere zu 23 das 24-fache der Differenz von 5 und 3. Ergebnis: 71
c) Multipliziere die Differenz von 27 und 12 mit der Summe von 8 und 17. Ergebnis: 375
d) Subtrahiere vom Produkt von 4 und 12 das Produkt von 3 und 8. Ergebnis: 24
e) Multipliziere die Summe von dem Produkt von 12 und 6 und 34 mit 15. Ergebnis: 1590
f) Multipliziere 511 mit der Differenz aus dem Produkt von 11 und 307 und 235. Ergebnis: 1 605 562

13 8 · (6 · 10 + 7 · 12 + 15 · 15) = 2952; 2952 t

14 18 · 45 − 722 = 88. Man spart bei Barzahlung 88 €.

Seite 79

15 individuelle Gestaltung

16
a) 1 = 5 − 4   2 = 4 − 2
    3 = 5 − 4 + 2   4 = 2 + 2
    5 = 2 · 4 + 2 − 5   6 = 4 + 2
    7 = 2 + 5   8 = 2 · 4
    9 = 5 + 4   10 = 5 + 5
   11 = 2 + 4 + 5   12 = (5 − 2) · 4
   13 = 2 · 4 + 5   14 = 5 + 5 + 4
   15 = 4 · 5 − 5   16 = 2 · 5 + 4 + 2
   17 = 4 · 5 − 5 + 2   18 = 4 · 5 − 2
   19 = (5 − 2) · 5 + 4 20 = 4 · 5
   21 = 5 · 5 − 4   22 = 4 · 5 + 2
   23 = 5 · 5 − 2   24 = 4 · 5 + 2 + 2
   25 = 5 · 5   26 = (5 + 2) · 4 − 2
   27 = 5 · 5 + 2   28 = (5 + 2) · 4
   29 = 5 · 5 + 4   30 = 5 · (4 + 2)
   31 = 5 · (5 + 2) − 4 32 = 5 · (4 + 2) + 2
   33 = 5 · (5 + 2) − 2
b) 34 = —   35 = 5 · (5 + 2)
   36 = 4 · (5 + 2 + 2) 37 = 5 · (5 + 2) + 2
   38 = —   39 = 5 · (5 + 2) + 4
   40 = 5 · (4 + 2 + 2)

17
(2 + 5) · 3 = 2 1
 ·   +   +
 1 + 5 · 2 = 1 1
 2 + 2 5 + 5 = 3 2

18 a) Höhe 4   Höhe 5

      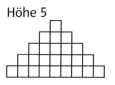

Höhe der Treppe	1	2	3	4
Würfel in der untersten Reihe	1	3	5	7
Gesamtzahl der Würfel	1	4	9	16

Höhe der Treppe	5	6	7	8
Würfel in der untersten Reihe	9	11	13	15
Gesamtzahl der Würfel	25	36	49	64

b) Unterste Reihe: 23 Würfel.
Insgesamt: 144 Würfel.
c) Anzahl der Würfel in der unteren Reihe: Multipliziere die Höhe mit 2 und subtrahiere 1.
Gesamtzahl der Würfel: Multipliziere die Höhe mit sich selbst.

2 Schriftliches Addieren

Seite 81

1 a) 367   b) 2939
c) 91 066   d) 2448
e) 678 989

2 a) 7392; 117 603   b) 17 467; 103 252
c) 301 606   d) 119 956
e) 1 671 026 633

3 a) 37 850; 83 107
b) 2 661 949; 69 103
c) 999 036; 812 223

4 a) 999 + 888 + 777 = 2664
          +   +   +   +
         666 + 555 + 444 = 1665
          +   +   +   +
         333 + 222 + 111 = 666
         ─────────────────────
        1998 + 1665 + 1332 = 4995

b) 612 + 589 + 878 = 2079
    +   +   +   +
   1286 + 2463 + 1619 = 5368
    +   +   +   +
    637 + 842 + 2185 = 3664
   ─────────────────────────
   2535 + 3894 + 4682 = 11111

c)

		8221		
	5360	2861		
	3784	1576	1285	
2513	1271	305	980	

5 a) 706 + 83 + 1101 = 1890
b) 4060 + 2100074 + 838505 = 2942639
c) 603 + 6001089 + 327983 = 6329675

6 a) 9876543210 + 900000000 = 10776543210
b) 999999999 + 10 = 1000000009
Bei beiden Rechnungen reicht die Anzahl der Ziffern, die der Taschenrechner darstellt, nicht mehr aus. Dann werden die Ergebnisse in wissenschaftlicher Darstellung, 10er Potenzen, angegeben.

7 a) 343 kg; 11050 g = 11 kg 50 g;
11225 g = 11 kg 225 g
b) 38167 €; 8617 ct = 86 € 17 ct;
61954 ct = 619 € 54 ct
c) 1678 km; 264260 m = 264 km 260 m;
10681 m = 10 km 681 m

Seite 82

8 Fahrtzeiten in Minuten:
29 + 10 + 8 + 11 + 11 + 22 + 18 + 33 + 50 + 40 + 58
= 290
290 min = 4 h 50 min
Wartezeiten in Minuten:
5 + 2 + 2 + 2 + 2 + 5 + 2 + 2 + 2 + 2 = 26; 26 min

9 123 km + 12968 km + 507 km + 172 km + 3 km
= 13773 km

10 217 km + 264 km + 165 km + 164 km + 154 km
+ 668 km = 1632 km

11 a) 2 Buchdeckel
b) 1931 Seiten und 10 Buchdeckel
c) 778 Seiten und 4 Buchdeckel

3 Schriftliches Subtrahieren

Seite 83

1 a) 142; 2143   b) 421; 3201
c) 532; 543   d) 120; 4766
e) 934; 7082

Marginalie: 13212 − 12111 = 1101

Seite 84

2 a) 248; 996; 999; 307158
b) 1769; 12178; 42030; 43039

3 a) 12345; 10101; 272727
b) 456789; 575757; 90909

4 a) 2183; 10655
b) 35788; 204615
c) 94229; 645558

5 a) 453 $\xrightarrow{-89}$ 364 $\xrightarrow{-89}$ 275 $\xrightarrow{-89}$ 186 $\xrightarrow{-89}$ 97 $\xrightarrow{-89}$ 8
b) 1456 $\xrightarrow{-213}$ 1243 $\xrightarrow{-213}$ 1030 $\xrightarrow{-213}$ 817 $\xrightarrow{-213}$ 604 $\xrightarrow{-213}$ 391 $\xrightarrow{-213}$ 178

6
a) 46652   b) 9054   c) 131884

7 946 − 720 = 226
593 − 272 = 321

8 Montag – Mittwoch: 11 h
Donnerstag und Freitag: 12 h
Samstag und Sonntag: 8 h
In der Woche: 3 · 11 h + 2 · 12 h + 2 · 8 h = 73 h

9 a) 75913; 999075913
b) 99999 − 4359 = 95640
c) 61111 − 10009 = 51102

10 a) 7308 − 4099 = 3209
b) 6003 − 5148 = 855
c) 376299703411 − 263086400301 = 113213303110

11 a)

78305	−3667 →	74638	−67338 →	7300
↓ −760		↓ −7724		↓ −121
77545	−10631 →	66914	−59735 →	7179

b)

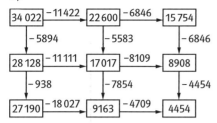

Seite 85

12 a) 3699 kg; 1357 g = 1 kg 357 g;
1526 kg = 1 t 526 kg
b) 4876 €; 4 € 46 ct; 7699 ct = 76 € 99 ct
c) 20658 km; 4399 m = 4 km 399 m;
2898180 m = 2898 km 180 m

13 2. Anhänger: 4064 kg; 3. Anhänger: 5681 kg;
4. Anhänger: 7771 kg

14 Auto: 490 kg Kleinbus: 978 kg
Linienbus: 6664 kg Kleinlaster: 3966 kg
Segelflugzeug: 216 kg Tankwagen: 24 t
Jumbojet: 59 t Mondrakete: 6 t

15 a) 3 t 500 kg
b) 1. Gondel: 2 t + 1300 kg + 2 · 80 kg = 3 t 460 kg
2. Gondel: 1800 kg + 1550 kg = 3350 kg
= 3 t 350 kg
Dann fehlen noch 2 Monteure. Also geht es nicht.

16 Aus dem ersten und letzten Schild folgt aus
den Angaben für Freiburg, dass der Abstand der
Schilder 274 km − 143 km = 131 km sein muss.
Aus dem zweiten und letzten Schild folgt aus den
Angaben für Offenburg, dass der Abstand der Schilder 170 km − 79 km = 91 km sein muss.
Damit folgt, dass der Abstand des ersten und zweiten Schildes 131 km − 91 km = 40 km sein muss.
Daraus ergibt sich insgesamt:

Freiburg	274 km
Offenburg	210 km
Karlsruhe	144 km
Mannheim	78 km
Freiburg	234 km
Offenburg	170 km
Karlsruhe	104 km
Mannheim	38 km
Freiburg	143 km
Offenburg	79 km
Karlsruhe	13 km
Mannheim	53 km

4 Schriftliches Multiplizieren

Seite 87

1 a) 180; 1155; 5284 b) 264; 770; 9657
c) 651; 4932; 25760 d) 468; 2247; 27118

2 a) 667; 1704; 170400; 941109
b) 714; 71400; 585864; 830679
c) 6566; 91872; 9187200; 995190
d) 5916; 591600; 434304; 1040910

3 a) 200 · 70 = 14000 → 14235;
500 · 2000 = 1000000 → 1054025
b) 50 · 3000 = 150000 → 166140;
1000 · 5000 = 5000000 → 5217777
c) 90 · 2000 = 180000 → 218868;
5000 · 40000 = 200000000 → 223585570

4 a) 20009565000; 2041145030707
b) 28041162105; 28832151694
c) 61141535154; 273887622741

5 a)

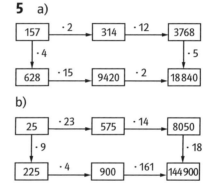

b)

Seite 88

6 a) 522836 b) 530091
c) 529 d) 22 · 24 = 528

7 a) 16 · 60 · 24 = 23040 pro Tag;
23040 · 31 = 714240 im Monat
b) 70 · 60 · 24 · 365 = 36792000

8 a) 3672 · 24 = 88128; 88128 km
b) 27 Tage 8 Stunden = 656 Stunden;
656 · 3672 = 2408832; 2408832 km

9 a) In einer Stunde: 60 · 1788 = 107280;
107280 km
An einem Tag: 24 · 107280 = 2574720; 2574720 km
b)

	Mond	Erde
pro Stunde	3672 km	107280 km
pro Tag	88128 km	2574720 km

5 Schriftliches Dividieren

Seite 90

1 a) 52; 171   b) 74; 686
c) 46; 330   d) 21; 521
e) 21; 571

2 a) 3000 : 20 = 150; 121
8000 : 20 = 400; 351   50 000 : 100 = 500; 537
b) 2100 : 30 = 70; 69   7000 : 70 = 100; 123
30 000 : 40 = 750; 807
c) 4000 : 50 = 80; 89   4000 : 40 = 100; 93
30 000 : 40 = 750; 698
d) 5000 : 60 ≈ 83; 91   4000 : 100 = 40; 45
50 000 : 50 = 1000; 907
INLINESKATER

3
a) 64; 13   b) 51; 213 564   c) 9; 67

4 a) 240 : 10 = 24; 22 Rest 1
40 000 : 50 = 8000; 752 Rest 36
b) 800 : 20 = 40; 42 Rest 17
90 000 : 40 = 2250; 2431 Rest 5
c) 2100 : 70 = 30; 32 Rest 30
75 000 : 30 = 2500; 2803 Rest 8
d) 3000 : 30 = 100; 101 Rest 10
60 000 : 50 = 1200; 1172 Rest 32

5 a) 14 Rest 3; 83 Rest 1; 23 Rest 15
b) 16 Rest 5; 44 Rest 26; 14 Rest 392
c) 28 Rest 9; 59 Rest 11; 13 Rest 81
d) 10 Rest 12; 117 Rest 49; 11 Rest 436
MOUNTAINBIKE

6 a) ■ = 8; ▲ = 1; ■ = 6; ▲ = 1
b) ■ = 14; ▲ = 7; ■ = 30; ▲ = 4
c) ■ = 114; ▲ = 2; ■ = 14; ▲ = 2

7 a) 3   b) 2 oder 7
c) 4 oder 9   d) 1

8
a) 84   b) 69   c) 14

Seite 91

9 a)
8235 : 27 = 305
−81
‾‾‾
13
−0 ← 27 ist nullmal in 13 enthalten
‾‾‾
135
−135
‾‾‾
0

b)
8235 : 27 = 305
−81
‾‾‾
13
−0
‾‾‾
135
−135
‾‾‾
0 ← 27 ist fünfmal in 135 enthalten

10 Sauerstoffverbrauch des Flugzeugs in einer Stunde: 60 · 600 = 36 000; 36 000 kg
Anzahl der benötigten Buchen: 36 000 : 2 = 18 000

11 Man braucht für eine Kiste:
1 Boden
4 Dreikantlatten zu je 25 cm, also 1 m Dreikantlatte
4 Holzlatten à 60 cm und 4 Holzlatten à 40 cm, insgesamt also 4 m Holzlatte
Die Böden reichen für 75 Kisten, die Dreikantlatten für 72 Kisten und die Holzlatten für 71 Kisten. Also lassen sich höchstens 71 Kisten herstellen.

12 a) 1000 Tage entsprechen etwa 2 Jahren und 270 Tagen, also etwa 2 Jahren und 9 Monaten. Zu diesem Zeitpunkt kann man in der Regel schon laufen.
b) 1000 Wochen entsprechen etwa 19 Jahren und 12 Wochen, also 19 Jahren und 3 Monaten. So alt sollten Fünftklässler nicht sein.
c) 1000 Monate entsprechen 83 Jahren und 4 Monaten.

13 In jeder Schicht befinden sich 30 Eier, es gibt 23 Schichten, damit 690 Eier.
a) 690 : 6 = 115. Es gibt 115 Sechserpackungen.
b) 690 : 12 = 57 Rest 6. Es gibt 57 Zwölferpackungen. Es bleiben 6 Eier übrig.
c) 690 − 63 · 6 = 312. Der Rest geht in 31 Zehnerpackungen. Es bleiben 2 Eier übrig.

6 Bruchteile von Größen

Seite 93

1 a) 500 m; 2500 m   b) 250 m; 3250 m
c) 1250 m; 1750 m   d) 750 m; 4500 m

2 a) 500 g   b) 250 g
c) 750 g   d) 1500 g

3 a) 30 min; 105 min   b) 15 min; 315 min
c) 45 min; 90 min   d) 150 min; 255 min

4 a) $\frac{1}{4}$ kg; $\frac{3}{4}$ kg; $\frac{1}{2}$ kg
b) $1\frac{1}{2}$ kg; $2\frac{1}{4}$ kg; $1\frac{1}{4}$ kg
c) $\frac{1}{4}$ g; $5\frac{3}{4}$ g; $\frac{1}{2}$ g
d) $\frac{1}{4}$ h; $1\frac{1}{4}$ h; $2\frac{1}{4}$ h
e) $\frac{1}{2}$ d; $1\frac{1}{2}$ d; $2\frac{1}{2}$ d

5 a) 8.35 Uhr; 8.20 Uhr; 10.50 Uhr
b) 7.20 Uhr; 4.50 Uhr; 5.35 Uhr; 2.20 Uhr

6 Anika: 70 min + 30 min + 60 min + 15 min
    + 70 min = 245 min = 4 h 5 min
Janine: 60 min + 45 min + 30 min + 30 min + 45 min
    = 210 min = 3 h 30 min
Anika braucht länger für die Hausaufgaben.

7 a) 10 500 g = $10\frac{1}{2}$ kg   b) 3 kg

8 a) 1,25 € + 1,10 € + 3,60 € = 5,95 €
b) $1\frac{1}{2}$ kg

9 Ja, denn die aufzunehmenden Sendungen dauern zusammen 125 min. Auf der Kassette ist noch Platz für 135 min.

Seite 94

10 Nein, denn zusammen erreicht sie nur eine Höhe von 244 cm.

11 18.18 Uhr

12 $1\frac{1}{2}$ m Länge entsprechen 750 Reihen. Somit braucht er 900 m Wollfaden.

13 Ja, denn zusammen benötigen die Lieder 39 min 51 s.

14 15 750 m = $15\frac{3}{4}$ km

15 a) 30 cm; 20 cm; 3 mm
b) 600 km
c) 1 cm
d) 8 m
e) $\frac{1}{2}$ mm

16 a) 4 m   b) 8 m
c) 500 dm   d) 715 cm
e) 1308 cm   f) 5009 m
g) 130 min   h) 80 mm
i) 80 dm

7 Anwendungen

Seite 96

1 Es müssen insgesamt 57 Kinder befördert werden. Pro Fahrt können 12 + 9 = 21 Kinder mitfahren. Beide Fahrstühle müssen jeweils mindestens dreimal fahren.
Wenn nur der größere Fahrstuhl benutzt wird, kommt man mit fünf Fahrten aus.

2

	Preis	Anzahl	Gesamtpreis
Menü I	7,50	5	37,50
Menü II	8	17	136
Menü III	8,50	4	34
Cola	1,50	8	12
Wasser	1,20	15	18
Fruchtsaft	2	12	24

Insgesamt sind 261,50 € zu zahlen.

3

	Zeitdauer für 1-mal Föhnen	Anzahl pro Jahr	Gesamtzeit
Frau Meier	15 min	3 · 52	2340 min
Tochter	20 min	365 : 5	1460 min
Sohn	10 min	20 · 12	2400 min

Insgesamt föhnt sich Familie Meier pro Jahr 6200 Minuten die Haare.
Die Kosten dafür betragen: 620 · 2 ct = 12 € 40 ct

4 individuelle Lösungen

5 individuelle Lösungen

Seite 97

6 a) Gewicht einer Latte: 1,5 kg
Gewicht der 5000 Zaunlatten:
5000 · 1,5 kg = 7500 kg = $7\frac{1}{2}$ t
Ladung pro Fahrt: 3 t
Er muss mindestens dreimal fahren.
b) Der Handwerker verarbeitet 20 Latten in der Stunde. Für 500 Latten benötigt er etwa:
500 : 20 = 25 Stunden.
c) Der gesamte Zaun kostet:
5 · 150 € + 25 · 32,50 € = 750 € + 812,50 € = 1562,50 €

7 a) In jeder Stunde schlägt die Uhr 10-mal. Am Tag (24 h) also 240-mal.
b) In einem Monat (31 Tage): 7440-mal
c) In einem Jahr (365 Tage): 87 600-mal
d) Anzahl der ganzen Tage (Montag bis Samstag): 6

Anzahl der zusätzlichen Stunden: 12
Innerhalb der 12 Minuten schlägt die Uhr nicht.
Insgesamt also: 6 · 240 + 12 · 10 = 1560

8 Beine der 27 Spinnen: 8 · 27 = 216
Beine der 206 Fliegen: 206 · 6 = 1236
Beine der 6 Frösche: 6 · 4 = 24
Anzahl der Bienen: 1476 : 6 = 246

9

	Anzahl der Plätze	Preis pro Platz in €	Einnahmen
Reihe 1–10	300	4	1200
Reihe 11–15	150	5	750
Reihe 16–20	150	5,50	825
Reihe 21–25	150	7	1050
Summe	750		3825

Preis pro Platz: 3825 € : 750 = 5,10 €

10

	Entfernung in km
Molkerei → A	12
A → B	16
B → C	4
C → D	7
D → E	2
E → Molkerei	20

gesamte Fahrtstrecke: 61 km

11 Anzahl der Personen im alten Gebäude:
Erdgeschoss: 7 · 3 = 21
1. Obergeschoss: 3 · 4 + 6 · 5 + 5 · 6 = 72
2. Obergeschoss: 15 · 2 = 30
3. Obergeschoss: 4
Gesamtanzahl: 127
Anzahl der neuen Büros:
(127 – 4) : 3 = 123 : 3 = 41
Damit erhält man für Anzahl der Büros: 4 + 41 = 45

Seite 98

12 a) Vorverkauf: 134 Karten à 20 €: 2680 €
134 Karten à 25 €: 3350 €
134 Karten à 30 €: 4020 €
Insgesamt: 10 050 €
b) Die Preise für die einzelnen Karten.
c) Vorverkauf: 402
Abendkasse: 122 + 244 + 244 = 610
Zurückgegebene Karten: 27
Insgesamt verkaufte Karten: 985
Nicht besetzte Plätze: 1200 – 985 = 215
d) Welcher Kategorie die zurückgegebenen Karten angehören.

Abendkasse: 122 à 29 € = 3538 €
244 à 24 € = 5856 €
244 à 19 € = 4636 €
Insgesamt: 14 030 €
Um die genauen Gesamteinnahmen zu berechnen, muss man wissen, wie teuer die zurückgegebenen Karten waren. Annahme: 27 Karten á 30 €.
Vorverkauf: 10 050 € – 27 · 30 € = 9240 €
Summe: 23 270 €

13 a)

	bergauf	bergab
Waldhütte (780 m) → 977 m	20 m, 50 m, 50 m, 50 m, 27 m	
977 m → Weißenstein (982 m)		27 m, 50 m, 50 m
		50 m, 50 m, 32 m
Summe	329 m	127 m

b) 456 m bergauf; 456 m bergab

14 a) 1. Schritt: Fass 1: 120 – (120 : 2) = 60
Fass 2: 40 + (120 : 2) = 100
2. Schritt: Fass 1: 60 + (100 : 2) = 110
Fass 2: 100 – (100 : 2) = 50
3. Schritt: Fass 1: 110 – (110 : 2) = 55
Fass 2: 50 + (110 : 2) = 105

	Fass 1	Fass 2
	120 l	40 l
1. Schritt	60 l	100 l
2. Schritt	110 l	50 l
3. Schritt	55 l	105 l

b) Fass 1: 55 Liter
Fass 2: 105 Liter
c) Fass 1: 45 Liter Wasser und 10 Liter Saft
Fass 2: 75 Liter Wasser und 30 Liter Saft

15 a) individuelle Lösungen
b) individuelle Lösungen

16 a) 6,5 m   b) 8,2 kg
c) 1,1 t   d) 3,9 km
e) 8,2 cm   f) 501 mm
g) 7,519 t   h) 43,6 cm

8 Rechnen mit Hilfsmitteln

Seite 100

1 individuelle Lösung

2 a) 45 785 · 1 = 45 785
b) 35 + 9 = 44
c) 222 222 + 555 555 = 777 777 (2 + 5 = 7)

d) 137 · 28 − 2 · 14 · 137 = 28 · 137 − 28 · 137 = 0
e) 4560 : 10 = 456
f) 88 888 : 4 = 22 222 (8 : 4 = 2)

3 a) (417 + 321 − 12) · (20 − 20) = 0   (kein Hilfsmittel)
b) 11 567 309 413 + 56 000 = 11 567 365 413   (kein Hilfsmittel)
c) 1 200 000 000   (kein Hilfsmittel)

4 a) Die Behauptung ist falsch.
Auch ohne Hilfsmittel kann man entscheiden, dass 1,5 l pro Einwohner viel zu wenig ist.
b) In der Rechnung ist ein Fehler. Das Öl müsste 44,28 € kosten. Dies kann man mit Papier und Bleistift nachrechnen.
c) Mit der Rechnung 60 : 7,5 = 8 erhält man ohne Hilfsmittel, dass der Tankinhalt für 800 km reicht.

5 Elsa muss 2 · 1,90 € + 2,30 € = 6,10 € bezahlen.
Sie wird wahrscheinlich auf 6,50 € aufrunden und sich 13,50 € herausgeben lassen.

6 1. Angebot: 63,00 € + 2 · 70 · 0,50 € = 133,00 €
2. Angebot: 110,00 €
Sie wird sich für das 2. Angebot entscheiden.

7

Zahl	Vorgänger	Nachfolger	Produkt	Abstand zu 614 040
83	82	84	571 704	42 336
84	83	85	592 620	21 420
85	84	86	614 040	0
86	85	87	635 970	21 930
87	86	88	658 416	44 376

Die gesuchte Zahl ist 85.

8 Mia hat nicht Recht. Es gibt Gegenbeispiele:
2 · 2 = 4; 13 · 13 = 169

9 a) 356,50 €   b) 148,54 €

IV Flächen

1 Welche Fläche ist größer?

Seite 107

1 Gesamtzahl der Zellen: 30; Gefüllte Zellen: 14
Es ist also weniger als die halbe Wabe mit Honig gefüllt.

2 a) Beispiele

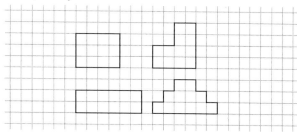

b) Beispiel

3 a) individuelle Lösungen
b) 1. Figur: 30 Kästchengrößen; 2. Figur: 28 Kästchengrößen; 3. Figur: 20 Kästchengrößen
c) Beispiele:

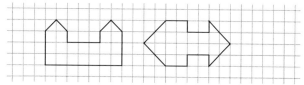

Seite 108

4 Beispiele

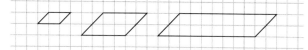

5 Beispiele

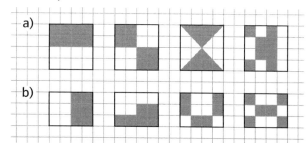

6 a) Alle Dreiecke haben den Flächeninhalt 8 Kästchengrößen (wie das Rechteck).

b) Beispiele:

c)

d)

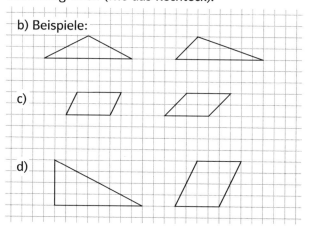

7

a)

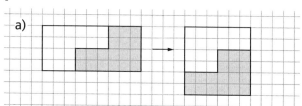

b) Das Rechteck hat den Flächeninhalt 144 Kästchengrößen. Das Quadrat hat also die Seitenlänge 12 Kästchenlängen.

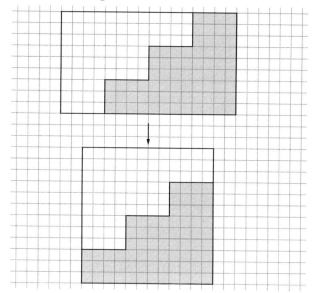

c) Beispiel:

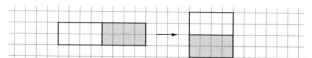

Es geht besonders einfach bei allen Rechtecken, die viermal so lang wie breit sind. Diese müssen einfach in zwei halb so lange Rechtecke zerlegt werden.

d) Es geht sicher nicht bei Rechtecken, deren Flächeninhalt keine Quadratzahl ist.

8

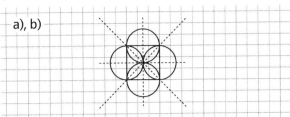

a), b)

c) Die Figur ist punktsymmetrisch. Symmetriezentrum: Schnittpunkt der Symmetrieachsen

9

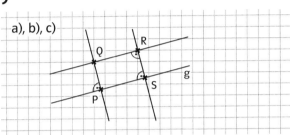

a), b), c)

c) Zeichne eine orthogonale Gerade zu g durch R. Sie schneidet g im gesuchten Punkt S.

10 12 011 495
auf Hunderter gerundet: 12 011 500
auf Tausender gerundet: 12 011 000

2 Flächeneinheiten

Seite 110

1 Seite dieses Buches: 5 dm²
Zimmertür: 2 m² Spielfeld in der Halle: 4 a
Bodensee: 539 km² Briefmarke: 4 cm²
Golfplatz: 46 ha

2 1 m²: Fenster, Badetuch
1 cm²: 4 Karos im Heft, kleine Münze
1 ha: Wiese, Schulgelände
1 a: kleines Schwimmbecken, großes Klassenzimmer
1 km²: Flughafengelände, alle Äcker eines großen Bauernhofs

3 Ein Quadrat mit der Seitenlänge 1 Fuß hat den Flächeninhalt 1 Quadratfuß.
Ähnliche Einheiten: 1 Quadratelle, 1 Quadratschritt, 1 Quadratdaumenbreite

Seite 111

4
a) 600 dm²   b) 1500 a   c) 8300 m²
   1300 mm²   200 ha   8700 cm²

5
a) 5 dm²   b) 70 a   c) 12 ha
   30 ha   128 km²   120 ha

6 rosa Fläche: 25 mm²
helllila Fläche: 1 cm² 75 mm² = 175 mm²
grüne Fläche: 5 cm² 25 mm² = 525 mm²
hellbraune Fläche: 2 cm² 50 mm² = 250 mm²
gelbe Fläche: 2 cm² = 200 mm²

7 360 000 mm² = 36 dm²
Ein 9 dm langes und 4 dm breites Brett hätte den Flächeninhalt 36 dm². Davids Brett ist also wohl größer als 360 000 mm².

8
a) 512 dm² b) 512 a   c) 1250 m²   d) 50 040 cm²
   652 ha   606 ha   1205 m²   20 005 m²

9
a) 40 m²   b) 396 cm² c) 420 a   d) 750 m²
   1723 dm²   3960 cm²   5 ha   600 dm²
                                        = 6 m²

10 a) 22 m² 30 dm²   b) 99 a
c) 3 m² 10 cm²   d) 21 m²
e) 20 m² 1 dm²   f) 50 a

11 a) 99 a   b) 5 a
c) 92 a   d) 20 a
e) 75 a 60 m²   f) 9999 m²

12 Flächeninhalt des Gartens:
500 m² − 102 m² − 43 m² = 355 m²

13 720 m²

14 Oberfläche der Lunge: 100 000 000 mm² = 1 a

3 Flächeninhalt eines Rechtecks

Seite 113

1
a) 32 cm²   b) 100 mm²   c) 16 m²   d) 160 ha
   10 000 m²   = 1 cm²   36 m²   220 mm²
   = 1 ha   75 ha

2 1. Quadrat: $2 \cdot 2\,cm^2 = 4\,cm^2$
1. Rechteck: $60 \cdot 5\,mm^2 = 300\,mm^2 = 3\,cm^2$
2. Quadrat: $15 \cdot 15\,mm^2 = 225\,mm^2$
2. Rechteck: $1 \cdot 5\,cm^2 = 5\,cm^2$

3 a) 9 cm   b) 20 cm
c) 25 mm   d) 25 cm

4 Beispiele:

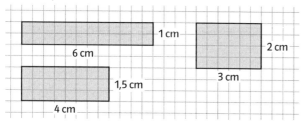

Seite 114

5 Der Ammersee hat ungefähr den Flächeninhalt eines Rechtecks mit den Seitenlängen 4 km und 12 km, also 48 km².

6

Länge	4 cm	5 cm	6 cm
Breite	25 cm	8 dm	12 cm
Flächeninhalt	1 dm²	4 dm²	72 cm²
Länge	25 m	200 m	2,5 km
Breite	40 m	150 m	8 km
Flächeninhalt	10 a	3 ha	20 km²

7 a) Fläche der Buchseite: $19 \cdot 26\,cm^2 = 494\,cm^2$
Die Bodenfläche eines Käfigs ist also etwas kleiner als die Buchseite.
b) Flächeninhalte:
Vierer-Käfig: $40 \cdot 45\,cm^2 = 1800\,cm^2 = 4 \cdot 450\,cm^2$
Fünfer-Käfig: $50 \cdot 45\,cm^2 = 2250\,cm^2 = 5 \cdot 450\,cm^2$
Sechser-Käfig: $60 \cdot 45\,cm^2 = 2700\,cm^2 = 6 \cdot 450\,cm^2$
Alle Käfige genügen gerade noch der Verordnung.
c) Kleinstmögliche Fläche für alle Hühner:
$44\,000\,000 \cdot 450\,cm^2 \approx 19\,800\,000\,000\,cm^2 \approx 2\,km^2$

8 a) Wohnzimmer: $58 \cdot 72\,dm^2 = 4176\,dm^2$
Arbeitszimmer: $5 \cdot 4\,m^2 = 20\,m^2 = 2000\,dm^2$
Diele: $28 \cdot 50\,dm^2 = 1400\,dm^2$
b) Wohnfläche: $7576\,dm^2$
c) Grundfläche des Hauses:
$12 \cdot 8\,m^2 = 96\,m^2 = 9600\,dm^2$. Sie ist größer als die Wohnfläche weil die Mauern mit berücksichtigt werden.

9 individuelle Lösung

10 1. Figur: $2 \cdot 4\,cm^2 + 1 \cdot 2\,cm^2 = 10\,cm^2$
2. Figur: $3 \cdot 3\,cm^2 - 2 \cdot 1\,cm^2 = 7\,cm^2$

3. Figur:
$25 \cdot 30\,mm^2 + 5 \cdot 5\,mm^2 - 10 \cdot 10\,mm^2 - 10 \cdot 10\,mm^2$
$= 575\,mm^2$

11 Flächeninhalt: $24 \cdot 6\,cm^2 = 144\,cm^2$
Das neue Rechteck hat die Breite $(144 : 8 = 18)$ 18 cm.
Da 144 eine Quadratzahl ist, gibt es ein Quadrat mit dem gleichen Flächeninhalt. Dieses Quadrat hat die Seitenlänge 12 cm.

Seite 115

12 a) Flächeninhalt: $8 \cdot 8\,cm^2 = 64\,cm^2$
b) Den Flächeninhalt eines Quadrats erhält man, indem man seine Seitenlänge mit sich selbst multipliziert. Hat das Quadrat die Seitenlänge a, so gilt für seinen Flächeninhalt A: $A = a \cdot a$ oder $A = a^2$.

13 Der Flächeninhalt
a) wird verdoppelt,   b) wird halbiert,
c) wird vervierfacht, d) wird verdoppelt.

14 Ursprünglicher Flächeninhalt: $6 \cdot 4\,cm^2 = 24\,cm^2$
Neuer Flächeninhalt: $24\,cm^2 + 12\,cm^2 = 36\,cm^2$
1. Möglichkeit:
Neue Länge: $(36 : 4)\,cm = 9\,cm$. Das Rechteck wurde um 3 cm verlängert.
2. Möglichkeit:
Neue Breite: $(36 : 6)\,cm = 6\,cm$
Das Rechteck wurde um 2 cm verbreitert.

15 Fehmarn hat ungefähr den gleichen Flächeninhalt wie ein Rechteck mit den Seitenlängen 15 km und 12 km. Fehmarn ist also etwa 180 km² groß.

16 Frau Weizenkorn hat einen quadratischen Acker mit der Seitenlänge 200 m.
Fläche des Randstreifens:
$2 \cdot 200 \cdot 2\,m^2 + 2 \cdot 196 \cdot 2\,m^2 = 1584\,m^2$.
Frau Rübesam hat einen rechteckigen Acker mit den Seitenlängen 80 m und 500 m.
Fläche des Randstreifens:
$2 \cdot 500 \cdot 2\,m^2 + 2 \cdot 76 \cdot 2\,m^2 = 2304\,m^2$.

17

18 Es entstehen fünf kleine Quadrate und ein großes Quadrat.

Kannst du das noch?

19
1 080 800: Eine Million achtzigtausendachthundert
108 800: Einhundertachttausendachthundert
1 800 008: Eine Million achthunderttausendundacht
10^6: Zehn hoch sechs bzw. eine Million
888 888: Achthundertachtundachtzigtausendacht-
hundertachtundachtzig
1 008 888: Eine Million achttausendachthundertacht-
undachtzig
108 800 < 888 888 < 10^6 < 1 008 888 < 1 080 800
< 1 800 008

20 a) 2 · 20 = 40   b) 60 · 3 = 180
c) 10 · 5 + 20 · 12 = 290   d) 100 · 15 = 1500
e) 32 + 48 + 20 = 100   f) 2 · 56 = 112

21 a) 286 875   b) 2980   c) 8580

4 Flächeninhalte veranschaulichen

Seite 117

1 individuelle Lösung
Flächeninhalt des Mathematikbuches:
≈ 20 · 25 cm² = 500 cm² = 5 dm²
Flächeninhalt eines Klassenzimmers:
≈ 5 · 10 m² = 50 m² = 5000 dm² = 1000 · 5 dm²
Man bräuchte also etwa 1000 Bücher.
Dicke eines Buches: ≈ 12 mm
Höhe des Stapels: ≈ 1000 · 12 mm = 12 000 mm = 12 m

2 Die Fläche, die der Bart bedeckt, ist etwa so groß wie zwei Handflächen, also 2 dm².
Fläche, die in einem Jahr rasiert wird:
365 · 2 dm² = 730 dm² ≈ 7 m².
Flächeninhalt des Rasens: 15 · 8 m² = 120 m²
Zeit bis Herr Barth 120 m² rasiert hat:
≈ (120 : 7) Jahre ≈ 17 Jahre.
Wenn Herr Barth 34 Jahre alt sein wird, hat er eine Fläche rasiert, die so groß ist wie sein Rasen.

3 Gesamte Bürofläche:
88 · 2000 m² = 176 000 m² ≈ 180 000 m²
Mögliche Maße eines einstöckigen Gebäudes mit der Grundfläche 180 000 m²: 300 m · 600 m
Flächeninhalt eines Fußballfeldes:
≈ 100 · 60 m² = 60 a
Gesamte Bürofläche: ≈ 1800 a = 30 · 60 a
Auf der Fläche des Gebäudes hätten also etwa 30 Fußballfelder Platz.

4 Der Ölteppich hat ungefähr den gleichen Flächeninhalt wie ein Rechteck mit den Seitenlängen 10 km und 50 km. Er ist also etwa 500 km² groß. Das ist ungefähr der Flächeninhalt des Bodensees.

5 Platzbedarf eines Schwimmers:
ca. 1,5 · 2 m² = 3 m²
Platzbedarf von 2500 Schwimmern:
ca. 2500 · 3 m² = 7500 m²
Flächeninhalt des Schwimmbeckens:
50 · 21 m² = 1050 m²
Das Becken ist also für 2500 Schwimmer viel zu klein.
Platzbedarf eines stehenden Menschen:
ca. 6 · 3 dm² ≈ 20 dm²
Platzbedarf von 2500 stehenden Menschen:
ca. 2500 · 20 dm² = 50 000 dm² = 500 m²
Stehend würden also alle 2500 Besucher im Schwimmbecken Platz finden.

6 individuelle Lösung wie auf Seite 116 im Schülerbuch

7 individuelle Lösung
Messen: Flächeninhalt eines Blattes
Schätzen: Durchschnittliche Anzahl von Blättern einer Zeitung
Sich informieren: Ausgaben pro Jahr, mittlere Auflage, d.h. Anzahl der gedruckten Zeitungen pro Tag.

5 Flächeninhalt eines Parallelogramms und eines Dreiecks

Seite 119

1 a) 4 · 5 cm² = 20 cm²
b) 28 · 25 mm² = 700 mm² = 7 cm²
c) 20 · 4 cm² = 80 cm²

2 rosa: 20 · 15 mm² = 300 mm² = 3 cm²
blau: 60 · 5 mm² = 300 mm² = 3 cm²
dunkelgelb: 25 · 5 mm² = 125 mm²
violett: 20 · 15 mm² = 300 mm² = 3 cm²
hellgelb: 20 · 15 mm² = 300 mm² = 3 cm²

Seite 120

3 a) 12 cm²   b) 385 mm²   c) 25 dm²

4 rosa: (24 · 22) : 2 mm² = 264 mm²
blau: (36 · 13) : 2 mm² = 234 mm²
violett: (52 · 8) : 2 mm² = 208 mm²
gelb: (23 · 27) : 2 mm² = 310,5 mm²

5 Im Parallelogramm braucht man die Angaben 3,0 cm; 4,0 cm und 6,9 cm nicht.
Im Dreieck braucht man die Angaben 2,5 cm und 3,2 cm nicht.

6 rosa: 24 · 16 mm² = 384 mm²
blau: 22 · 20 mm² = 440 mm²
gelb: (41 · 25) : 2 mm² = 512,5 mm²
violett: (26 · 13) : 2 mm² = 169 mm²

7 a) 680 m²　　　　b) 280 m²

Seite 121

8 Beispiele:

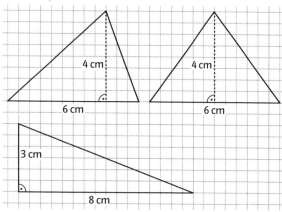

9

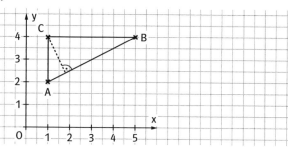

a) Grundseite: ≈ 45 mm; Höhe: ≈ 18 mm
Flächeninhalt: ≈ (45 · 18) : 2 mm² = 405 mm²
b) Längen der beiden orthogonalen Seiten: 2 cm; 4 cm
Flächeninhalt: (2 · 4) : 2 cm² = 4 cm²

10 Höhe: (72 : 12) cm = 6 cm

11

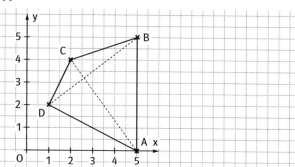

a) Zerlege in die Dreiecke ABC und ACD.
Flächeninhalt: (50 · 30) : 2 mm² + (50 · 20) : 2 mm²
　　　　= 750 mm² + 500 mm² = 1250 mm²
b) Zerlege in die Dreiecke ABD und BCD.
Flächeninhalt: (50 · 10) : 2 mm² + (50 · 40) : 2 mm²
　　　　= 1250 mm²

12 a) richtig　　　　b) richtig
c) falsch (z. B. Kreis)

13 (7 · 5) cm² − (4 · 3) : 2 cm² − (3 · 2) : 2 cm²
− (4 · 3) : 2 cm² − (3 · 2) : 2 cm² = 17 cm²

14 a) wird verdoppelt

b)
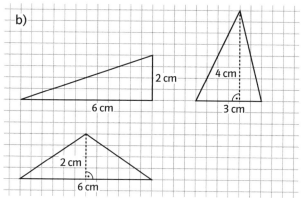

15 Spiel

6 Umfang einer Fläche

Seite 123

1 a) Alle drei Figuren haben den gleichen Umfang. Figur 1 hat den größten Flächeninhalt, Figur 2 den zweitgrößten und Figur 3 den kleinsten.
b) Beispiele:

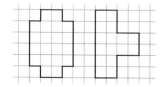

2 a) Beispiele:

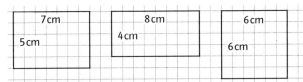

b) Das Quadrat mit der Seitenlänge 6 cm hat den größten Flächeninhalt.

3 a) Umfang: 12 cm; Flächeninhalt: 6 cm²

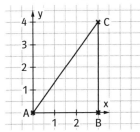

b) Umfang: ≈ 14,5 cm; Flächeninhalt: 10 cm²

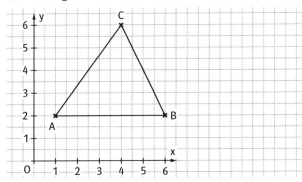

c) Umfang: 22 cm; Flächeninhalt: 24 cm²

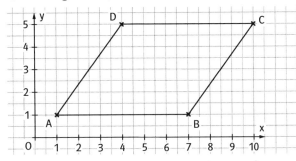

d) Umfang: ≈ 15,5 cm; Flächeninhalt: 10 cm²

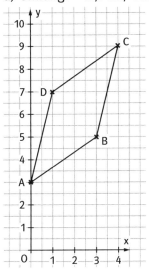

4 a) A = 120 mm²; U = 86 mm
b) b = 10 cm; A = 300 cm²
c) a = 40 m; U = 130 m

5 Beide Zimmer haben den gleichen Umfang, nämlich 18 m. Für beide Zimmer braucht man gleich viele Fußbodenleisten und gleich viele Tapeten, wenn die beiden Zimmer gleich hoch sind und die Fläche für Fenster und Türen gleich groß sind. Der Flächeninhalt des ersten Zimmers beträgt 20 m², des zweiten Zimmers 18 m². Für das erste Zimmer braucht man daher mehr Teppichboden und mehr Farbe für die Decke.

6 a) Umfang: 4 · 3,5 cm = 14 cm
b) Man erhält den Umfang eines Quadrats, indem man seine Seitelänge vervierfacht.
c) U = 4 · a

7 a) Der Umfang wird verdreifacht, der Flächeninhalt wird neunmal so groß.
b) Die Seitenlänge wird verdoppelt, also wird auch der Umfang doppelt so groß.

8 Beide Figuren haben etwa den gleichen Flächeninhalt. Die Treppenfigur hat aber einen größeren Umfang als das Dreieck.

Wiederholen – Vertiefen – Vernetzen

Seite 124

1 a) 1 m = 100 cm = 10² cm
1 km = 1000 m = 10³ m
100 m = 1000 dm = 10³ dm
b) 1 a = 100 m² = 10² m²
1 ha = 10 000 m² = 10⁴ m²
10 m² = 100 000 cm² = 10⁵ cm²
c) 10 dm² = 100 000 mm² = 10⁵ mm²
10 dm = 1000 mm = 10³ mm
1 km² = 10 000 000 000 cm² = 10¹⁰ cm²

2 a) 15 württ. Morgen = 47 235 m²
14 bayr. Juchart = 47 684 m²
13 bad. Morgen = 46 800 m²
Die Fläche mit 14 bayr. Juchart ist am größten.
b) Flächeninhalt der Wiese: 6 · 3149 m² = 18 894 m²
Breite: (18 894 : 134) m = 141 m

Schülerbuchseite 124–125

c) Flächeninhalt: $4 \cdot 3600\,m^2 = 14\,400\,m^2$
Seitenlänge des Quadrats: 120 m
Umfang: $4 \cdot 120\,m = 480\,m$

3 a) bis c)
Flächeninhalt Islands: $103\,000\,km^2$
d) Bevölkerungsdichte
Island: ca. 3 Einwohner pro km^2
Deutschland: ca. 230 Einwohner pro km^2

4 Es bleibt kein Teppichboden übrig, wenn sie ein 3,40 m langes und 3 m breites sowie ein 1,70 m langes und ein 4 m breites Stück kauft. Soll der Teppichboden aus einem Stück bestehen, so muss sie ein 5 m langes und ein 4 m breites Stück kaufen.

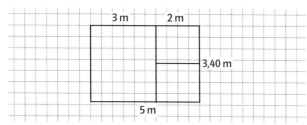

Seite 125

5 a) Flächeninhalt:
$25\,dm \cdot 400\,dm = 10\,000\,dm^2 = 100\,m^2$
b) Das Bauamt muss 12 t 500 kg bestellen.

6 a) Länge: 450 cm; Breite: 360 cm
Flächeninhalt:
$162\,000\,cm^2 = 1620\,dm^2 = 16\,m^2\ 20\,dm^2$
b) Anzahl der Plättchen: 720
Kosten: 180 Reichsmark

7 Flächeninhalt: $316\,m^2\ 20\,dm^2$
Man braucht etwa 317 Körbe Kies.
Kosten: 31,70 Reichsmark.

8 a) Der Drachen besteht aus vier rechtwinkligen Dreiecken. Flächeninhalt:
$2 \cdot (1 \cdot 2) : 2\,cm^2 + 2 \cdot (4 \cdot 2) : 2\,cm^2 = 10\,cm^2$
Anderer Lösungsweg:

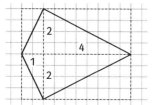

Der Drachen ist halb so groß wie ein Rechteck mit den Seitenlängen 5 cm und 4 cm. Er hat also den Flächeninhalt $20\,cm^2 : 2 = 10\,cm^2$.

b) Am zweiten Lösungsweg in a) sieht man: Jeder Drachen ist halb so groß wie ein Rechteck, dessen Seiten so lang sind wie die Diagonalen des Drachens.

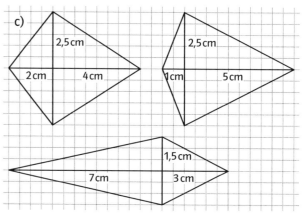

9

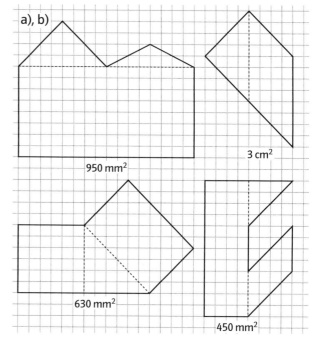

10 a) Der Flächeninhalt bleibt gleich.
b) Die Summe der Umfänge ist dreimal so groß wie der Umfang des ursprünglichen Quadrats.
c) Ein Quadrat ohne roten Rand, vier Quadrate mit einer roten Randstrecke, vier Quadrate mit zwei roten Randstrecken. Kein Quadrat mit drei oder vier roten Randstrecken.
d) Flächeninhalt bleibt gleich, Umfang wird viermal so groß. Vier Quadrate ohne roten Rand, acht mit einer roten Randstrecke, vier mit zwei roten Randstrecken.
e) Flächeninhalt bleibt gleich, Umfang wird 100-mal so groß. Vier Quadrate mit zwei roten Randstrecken, $4 \cdot 98 = 392$ mit einer roten Randstrecke, $89 \cdot 89 = 9604$ ohne roten Rand.

Exkursion

Seite 126

1. Aufgabe:
Kleinstmögliches Fußballfeld:

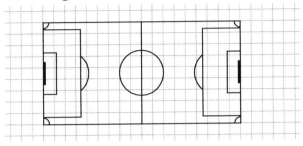

2. Aufgabe:
Kleinstmöglich: $90 \cdot 45\,m^2 = 4050\,m^2$
Größtmöglich: $120 \cdot 90\,m^2 = 10\,800\,m^2$
Das größtmögliche Fußballfeld ist also etwa $2\frac{1}{2}$-mal so groß wie das kleinstmögliche.

3. Aufgabe
Beim kleinsten Feld: $4050\,m^2 : 22 \approx 184\,m^2$
Beim größten Feld: $10\,800\,m^2 : 22 \approx 491\,m^2$

4. Aufgabe
Im Torraum ist der Torwart besonders geschützt. Er darf dort nicht angerempelt werden. Begeht ein Abwehrspieler im Strafraum ein Handspiel oder ein gröberes Foul, so erhält die angreifende Mannschaft einen Strafstoß („Elfmeter"). Nur im Strafraum darf der Torwart den Ball mit der Hand spielen.

5., 6., 7. Aufgabe
Das Spielfeld des Gottlieb-Daimler-Stadions kann man mit etwa $456 \cdot 295$ Bällen $= 134\,520$ Bällen auslegen. Diese wiegen zusammen etwa 54 Tonnen. Könnte man sie aufeinander stapeln, so wäre die Säule etwa 31 km hoch.

Seite 127

1. Aufgabe
Das Spielfeld für ein Doppel ist 23,77 m lang (Seitenlinien) und 10,97 m breit. Das Netz ist parallel zu den Grundlinien und halbiert das Spielfeld. Die Aufschlaglinien sind parallel zum Netz und von diesem jeweils 6,40 m entfernt. Die beiden Felder zwischen dem Netz und den Aufschlaglinien werden durch eine Linie parallel zu den Seitenlinien halbiert. Die Seitenlinien für ein Einzel sind zu den Seitenlinien für das Doppel parallel und haben von diesen jeweils einen Abstand von 1,37 m. Der gesamte Tennisplatz ist nach beiden Seiten um 3,66 m breiter und nach beiden Seiten um 6,40 m länger als das Spielfeld.

2. Aufgabe
Maße in Yards umgerechnet:
$23,77\,m \approx 26,00\,y$; $8,23\,m \approx 9,00\,y$
$9,60\,m \approx 10,50\,y$; $6,40\,m \approx 7,00\,y$
$3,66\,m \approx 4,00\,y$
Das Doppelspielfeld ist also 26 Yards lang und 12 Yards breit.

3. Aufgabe
Flächeninhalt der Wiese: $80 \cdot 60\,m^2 = 4800\,m^2$
Flächeninhalt des Tennisplatzes: $669\,m^2$
rein rechnerisch passen ($4800 : 669 = 7$) 7 Plätze auf die Wiese. Da man noch Wege anlegen muss, passen weniger Spielfelder auf die Wiese.

4. Aufgabe
Gesamter Platz:
Länge: 36,57 m; Breite: 18,29 m
Umfang: 109,72 m; Flächeninhalt: $\approx 669\,m^2$

5. Aufgabe
Gesamtlänge aller Linien des Spielfeldes:
$4 \cdot 23,77\,m + 2 \cdot 8,23\,m + 2 \cdot 6,40\,m + 2 \cdot 10,97\,m$
$= 146,28\,m$

6. Aufgabe
Flächeninhalt des Einzelspielfeldes: $196\,m^2$
Flächeninhalt des Doppelspielfeldes: $261\,m^2$
Flächeninhalt des Platzes: $669\,m^2$
Der Tennisplatz ist mehr als doppelt so groß wie das Doppelspielfeld. Das Einzelspielfeld ist nicht sehr viel kleiner.

7. Aufgabe
Rechnerische Spielfläche pro Spieler:
beim Einzel: $98\,m^2$; beim Doppel: $65\,m^2$

8. Aufgabe
Flächeninhalt des Netzes: $10\,970 \cdot 914\,mm^2 \approx 10\,m^2$

V Körper

1 Körper und Netze

Seite 133

1 individuelle Lösungen, z. B.

Gegenstand	Grundkörper
Orange	Kugel
Zauberhut	Kegel
Kekspackung	Quader
Baumkuchenpackung	Prisma mit 6-eckiger Grundfläche
Bleistift	Zylinder
Wurfring	Ring

2 a) und b)
Kegel und Halbkugel – Eistüte mit Eis
Zylinder mit Halbkugel – Sternwarte
Zylinder mit Kegel – Kirchturm
Würfel mit Pyramide – Burgturm
zwei Zylinder, Kegel – Weinglas
Quader und Prisma – Haus
zwei Zylinder, Ring – Kaffeetasse mit Untertasse
7 Zylinder, 2 Quader – Lokomotive
c) individuelle Lösungen

Seite 134

3 Fig. 1: Saturn; Grundkörper: Kugel und Ring
Fig. 2: Vulkankegel; Grundkörper: Kegel

4 a) 6 Ecken, 9 Kanten, 5 Flächen
b) 5 Ecken, 8 Kanten, 5 Flächen

5 Steckbrief von Fig. 3: Prisma mit sechseckiger Grundfläche.
Steckbriefe der anderen geometrischen Grundkörper:
Würfel: 8 Ecken, 6 Flächen, 12 Kanten (alle gleich lang)
Quader: 8 Ecken, 6 Flächen, 12 Kanten (je vier gleich lang)
Prisma mit dreieckiger Grundfläche:
6 Ecken, 5 Flächen, 9 Kanten
Pyramide mit viereckiger Grundfläche:
5 Ecken, 5 Flächen, 8 Kanten
Zylinder: keine Ecken, 3 Flächen, davon eine gewölbt; 2 gebogene Kanten
Kegel: keine Ecken (eine Spitze, an der aber keine Kanten aufeinandertreffen), 2 Flächen, davon eine gewölbt; 1 gebogene Kante
Kugel: keine Ecken, eine gewölbte Fläche; keine Kanten
Halbkugel: keine Ecken, 2 Flächen, davon eine gewölbt; 1 gebogene Kante
Ring: keine Ecken, eine gewölbte Fläche, keine Kanten

6 a) Würfel, Quader, Prismen, Pyramiden, Zylinder, Kegel, Halbkugel und Ring können stehen.
Zylinder, Kegel, Kugel und Ring können rollen; die Halbkugel kann schaukeln.
b) Aus „Mein Tisch, mein Körper und ich":

Gegenstand	Geometrischer Grundkörper
Rundes Tischbein	Zylinder
Viereckige Tischplatte	Quader
Würfel	Würfel
Murmel	Kugel
Kreisel	Kegel
Bauklötze: Haus Hausdach Turm Turmdach	 Quader Prisma Quader, Zylinder oder Prisma Pyramide oder Kegel
Arm	Zylinder
Bein	Zylinder
Höhle	Halbkugel
Zimmer	Quader oder Würfel
Boot	Prisma

7
a)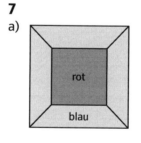
b)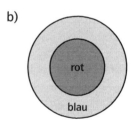
c)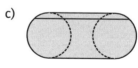
Ansicht von der Seite

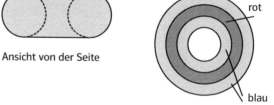
Ansicht von oben

8 ganz links: Pyramide mit viereckiger Grundfläche; zweites von links: Prisma mit sechseckiger Grundfläche; zweites von rechts: Pyramide mit dreieckiger Grundfläche (Tetraeder); ganz rechts: Zylinder

9 ganz links: Netz
zweites von links: kein Netz
zweites von rechts: Netz
ganz rechts: kein Netz

Seite 135

10 Mögliche Netze:

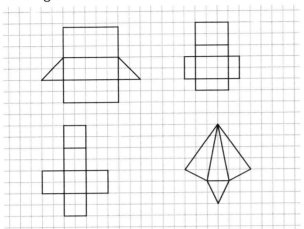

11 a) Würfel, Prismen und Pyramiden mit lauter gleichen Kantenlängen können gebastelt werden.
b) individuelle Lösung

12 a) Zylinder
b) Bei Verlängerung der längeren Seiten entsteht ein gleich hoher Zylinder mit größerem Umfang. Bei Vergrößerung der kürzeren Seite wird der Zylinder bei gleichem Grundflächenumfang höher.

13 individuelle Lösung

14 Je größer das ausgeschnittene Kuchenstück ist, desto höher und schmäler wird der Kegel.

15

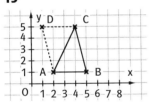

a) Flächeninhalt: 6 cm²; Umfang: 11,6 cm
b) D(1|5); Flächeninhalt: 12 cm²; Umfang: 14,2 cm

16 a)

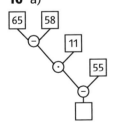

Ergebnis: 22

b)

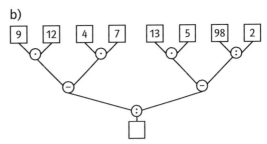

Ergebnis: 5

c)

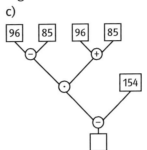

Ergebnis: 1837

d)

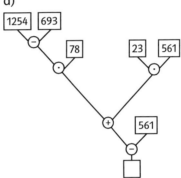

Ergebnis 56 100

e)

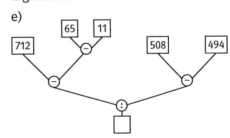

Ergebnis: 47

2 Quader

Seite 137

1

a) und b)

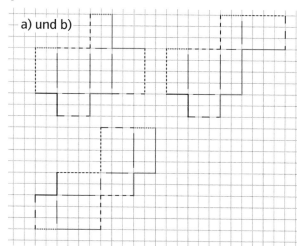

c) individuelle Lösung

2

a)

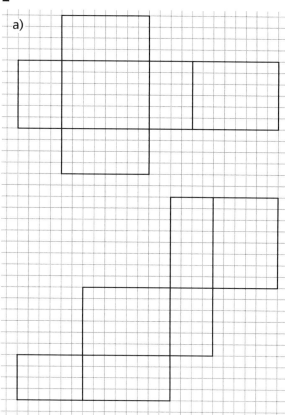

b) Gesamtkantenlänge:
K = 4 · (4 cm + 3 cm + 2 cm) = 36 cm.
c) Oberflächeninhalt:
O = 2 · (12 cm² + 8 cm² + 6 cm²) = 52 cm²
d) Netze entsprechend zu a)
Gesamtkantenlänge:
K = 4 · (5 cm + 2 cm + 2,5 cm) = 38 cm
Oberflächeninhalt:
O = 2 · (10 cm² + 12,5 cm² + 5 cm²) = 55 cm²

Seite 138

3 a) Kein Netz; die rechte Seitenwand ist doppelt vorhanden, die linke Seitenwand fehlt.
b) Netz
c) Netz
d) Kein Netz; die rechte Seitenwand ist doppelt vorhanden, die linke Seitenwand fehlt.

4 a) Kantenlänge des Häuschens:
2 · 1,6 m + 2 · 1,8 m + 4 · 1,2 m = 11,6 m
b) Tuchfläche:
1 · 16 · 18 dm² + 2 · 16 · 12 dm² + 2 · 18 · 12 dm²
= 1104 dm² = 11,04 m²
c) Höhe:
(12 m − 2 · 1,6 m − 2 · 1,8 m) : 4 = 1,3 m.

5 a) Gestrichelte Linie: quadratisches Papier der Seitenlänge 10 cm.

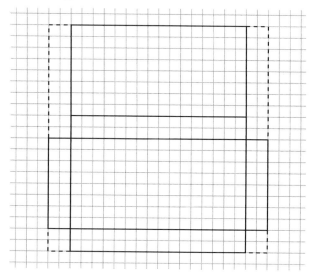

b) Nein, das quadratische Papier hätte den Flächeninhalt 81 cm², der Oberflächeninhalt des Quaders ist dagegen 88 cm² und somit größer.

6 Die Gesamtkantenlänge beim kleineren Quader ist halb so groß wie beim großen. Sein Oberflächeninhalt beträgt ein Viertel der Oberfläche des großen Quaders.

7 a) Alisa kann die Kantenlängen des Würfels 84 cm : 12 = 7 cm lang machen.
b) 96 cm² : 6 = 16 cm². Helen kann die Kantenlängen des Würfels 4 cm lang machen.

8

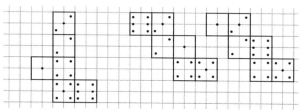

Fig. 3: Lösung eindeutig   Fig. 4: Zwei Lösungen

9 Die 8 Würfel haben zusammen 48 Flächen; davon sind 24 unbemalt.

10 Die Kantenlängen der Würfel müssen Teiler der Kantenlängen der Quader sein.
Da ggT (4 cm; 6 cm) = 2 cm erhält man 12 Würfel.

3 Schrägbilder

Seite 140

1
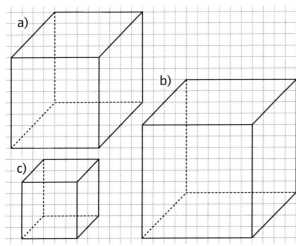

2
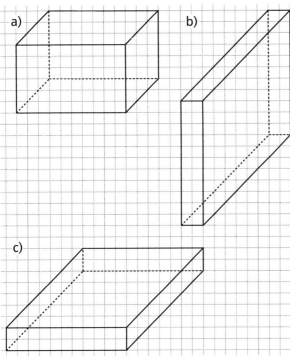

3
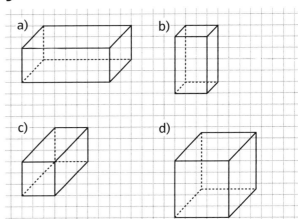

4
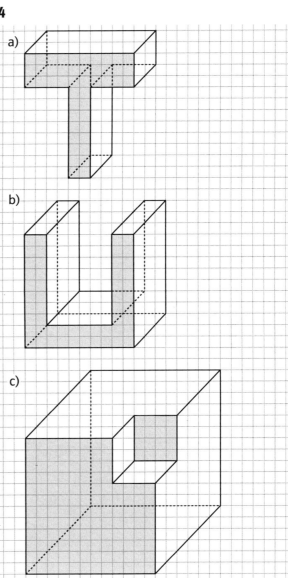

5

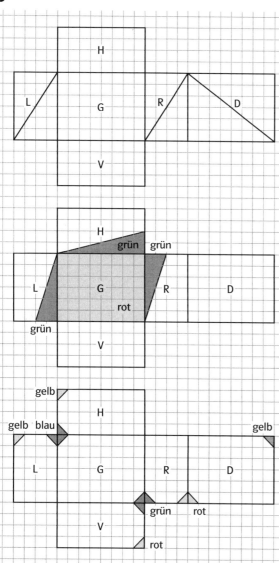

6

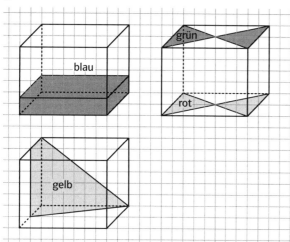

7 individuelle Lösungen, z. B.

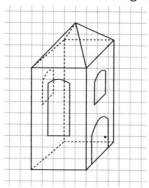

4 Rauminhalt eines Quaders

Seite 142

1 links: 3 cm³; Mitte: 7 cm³; rechts: 6 cm³.

Seite 143

2 a) 8 cm³   b) 22 cm³
c) 11 cm³   d) 22 cm³

3 Fisch: 34 Würfel
Vogel: 45 Würfel
Känguru: 34 Würfel
Der gelbe Vogel hat den größten Rauminhalt.

4 Quader (Fig. 3): V = 48 cm³; O = 104 cm²;
Quader (Fig. 4): V = 54 000 cm³; O = 9600 cm²

5 a) 384 cm³   b) 420 cm³
c) 700 cm³   d) 45 cm³

Seite 144

6 a) Rauminhalt: 512 cm³
Oberflächeninhalt: 384 cm²
b) Rauminhalt: 343 cm³
Oberflächeninhalt: 294 cm²
c) Rauminhalt: 13 824 cm³
Oberflächeninhalt: 3456 cm²

7 Die Maße beziehen sich auf häufig verwendete Packungen.
a) Maße einer 1-Liter Milchpackung: 7,1 cm; 6,9 cm; 19,7 cm.
Gerundeter Rauminhalt: 7 · 7 · 20 cm³ = 980 cm³.
Exakter Rauminhalt: 965,103 cm³.
b) Maße einer Würfelzuckerpackung (1000 g):
18,2 cm; 12,1 cm; 5,2 cm.
Gerundeter Rauminhalt: 18 · 12 · 5 cm³ = 1080 cm³.
Exakter Rauminhalt: 1145,144 cm³.
Maße eines Hefewürfels: 4,0 cm; 3,2 cm; 3,2 cm.

Gerundeter Rauminhalt: 4 · 3 · 3 cm³ = 36 cm³
Exakter Rauminhalt: 40,96 cm³

8 Der Rauminhalt steigt auf das Achtfache, der Oberflächeninhalt auf das Vierfache.

9 Mögliche Maße des Quaders:
10 cm; 10 cm; 5 cm
20 cm; 5 cm; 5 cm
25 cm; 5 cm; 4 cm
50 cm; 10 cm; 1 cm

10 a) 3744 cm³ Pulver sind in der Packung, 864 cm³ passen noch hinein.
b) Die Packung müsste bis 14,5 cm gefüllt sein.
c) Man kann 160-mal waschen.

11 a) T: Rauminhalt 192 cm³
Kreuz: Rauminhalt 384 cm³

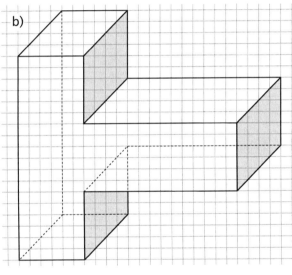
b)

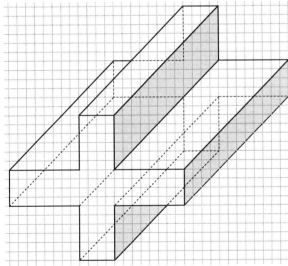

12

Seitenlänge des kleinen Quadrats	1 cm	3 cm	6 cm
Rauminhalt der Schachtel	169 cm³	243 cm³	54 cm³

Bemerkung: Der maximale Rauminhalt ergibt sich bei der Seitenlänge 2,5 cm mit 250 cm³.

13 a) Für drei Würfel (Drillinge) gibt es zwei Möglichkeiten:

 bzw.

Zum linken Drilling kann man einen vierten Würfel auf drei Arten hinzufügen:

1 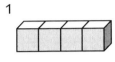 2

3

Beim rechten Drilling gibt es fünf weitere Möglichkeiten, insgesamt also 8 Möglichkeiten.

4 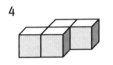 5 6

7 8

b) Ordnet man die gegebenen Vierlinge nach den acht Typen von Aufgabenteil a), so gehören A, C und F zu Typ 8; gehören B und E zu Typ 6; gehört D zu Typ 7.
c) Ein Würfel aus zwei Vierlingen hat acht kleine Würfel, also Kantenlänge 2. Von den in Aufgabenteil a) angegebenen acht Typen passen nur die Typen 5 bis 8 in so einen Würfel. Man sieht, dass dann ein zweiter Vierling vom selben Typ den größeren Würfel ausfüllt: zweimal Typ 5, zweimal Typ 6, zweimal Typ 7 oder zweimal Typ 8 ergibt also den großen Würfel.

5 Rechnen mit Rauminhalten

Seite 146

1
Klassenzimmer	240 m³
Schulranzen	20 dm³
Freischwimmerbecken	2000 m³
Wolkenkratzer	120 000 m³
Arzneifläschchen	20 ml
Toastbrotscheibe	100 cm³
Tablette	25 mm³
Floh	2 mm³

Seite 147

2
a) $30\,000\,dm^3$
   $1\,750\,000\,dm^3$
   $123\,dm^3$
b) $12\,000\,cm^3$
   $230\,000\,cm^3$
   $14\,cm^3$
c) $4\,m^3$
   $17\,m^3$
   $212\,m^3$
d) $34\,l$
   $125\,l$
   $45\,000\,l$

3 a) $3023\,dm^3$ b) $12\,005\,l$
c) $23\,020\,ml$ d) $2\,000\,300\,ml$

4 a) $3\,l\;500\,ml$ b) $7\,cm^3\;250\,mm^3$
c) $23\,dm^3\;40\,cm^3$ d) $45\,m^3\;540\,l$

5 a) $36\,400\,mm^3 = 36\,cm^3\;400\,mm^3$
b) $3180\,ml = 3\,l\;180\,ml$
c) $8310\,cm^3 = 8\,dm^3\;310\,cm^3$
d) $42\,420\,dm^3 = 42\,m^3\;420\,dm^3$
e) $700\,l$
f) $4000\,dm^3 = 4\,m^3$

6 a) $120\,m^3$ b) $270\,mm^3$
c) $9000\,cm^3 = 9\,dm^3$

7 Der Kofferraum eines typischen Kombis hat bei umgeklappter Sitzbank die Maße: Länge 1745 mm, Breite 1209 mm, Höhe 900 mm. Der Gepäckraum fasst also ca. 1800 Liter. Selbst eine Großraumlimousine (Bus) hat nur einen Fahrgastraum von insgesamt 5400 Liter. Bei Luisas Auto muss es sich daher um einen Transporter handeln – dann spricht man allerdings nicht von einem Kofferraum. Somit kann ihre Behauptung nicht richtig sein.

8 Gelber Körper: Insgesamt $4 \cdot 3 \cdot 3\,m^3 = 36\,m^3$.
Jede Ecke hat den Rauminhalt
$15 \cdot 10 \cdot 9\,dm^3 = 1350\,dm^3$. Somit ist das Volumen
$36\,000\,dm^3 - 2 \cdot 1350\,dm^3 = 33\,300\,dm^3$
$= 33\,m^3\;300\,dm^3$.
Brauner Körper:
Unterste Stufe: $25 \cdot 1 \cdot 15\,dm^3 = 375\,dm^3$.
Mittlere Stufe: $25 \cdot 1 \cdot 10\,dm^3 = 250\,dm^3$.
Oberste Stufe: $25 \cdot 1 \cdot 5\,dm^3 = 125\,dm^3$.
Insgesamt: $750\,dm^3$.

9

	Länge	Breite	Höhe	Volumen	Grundfläche
a)	170 cm	6 dm	80 cm	$816\,dm^3$	$102\,dm^2$
b)	3 cm	50 mm	4 cm	$60\,cm^3$	$15\,cm^2$
c)	7 cm	6 cm	8 cm	$336\,cm^3$	$42\,cm^2$
d)	240 cm	8 dm	9 dm	$1728\,l$	$192\,dm^2$

Seite 148

10 Eine Telefonzelle hat die Maße $1\,m \times 1\,m \times 2,5\,m$, also den Rauminhalt $2,5\,m^3$. Ein Kind aus der vierten Klasse könnte man durch einen Quader mit den Maßen $50\,cm \times 20\,cm \times 125\,cm$ annähern. Dieser Quader hat das Volumen $125\,dm^3$. In eine Telefonzelle würden maximal 20 Kinder passen. Tatsächlich waren bei diesem Rekord 19 Kinder bei geschlossener Tür in der Telefonzelle (GB. 2002, Seite 274).

11 a) „3 mm Regen" heißt: In einem nach oben offenen Gefäß mit senkrechten Wänden (z.B. Becher) steht das Regenwasser 3 mm hoch.
b) Volumen des Wassers bei 3 mm Regen:
$1000 \cdot 1000 \cdot 3\,mm^3 = 3$ Liter.
c) Höhe bei 300 Liter Regen:
$300\,dm^3 : 100\,dm^2 = 3\,dm = 30\,cm$.

12 $400\,000$ Liter sind $400\,m^3$. Bei einer Breite von 10 m ist Höhe mal Länge des Beckens ca. $40\,m^2$. Das Becken könnte ca. 8 m lang und 5 m hoch sein oder 10 m lang und 4 m hoch.

13 Ein Quader mit dem man das Nashorn annähern könnte wäre ca. 2,5 m lang, 1 m breit und 1 m hoch. Er hätte das Volumen $2,5\,m^3$; das Nashorn würde 2,5 t wiegen. In Wirklichkeit wird ein männliches Panzernashorn ca. 2,2 t schwer.

14 Relativ zu den Einbaumaßnahmen fehlen vorn und hinten ca. 15 cm, rechts und links ca. 10 cm. Die Innenmaße sind also $140\,cm \times 55\,cm$. Bei einer Füllhöhe von 30 cm sind $231\,000\,cm^3 = 231$ Liter Wasser in der Wanne. Im Jahr ist der Verbrauch 12 012 Liter oder ca. $12\,m^3$. Bei einem Wasserpreis von 4,13 € (inkl. Abwasserkosten) entstehen reine Wasserkosten von 49,60 €.

15 individuelle Lösung

16 a) $71 \cdot (181 + 715) = 63\,616$
b) $253 \cdot 43 - (6543 + 2333) = 2003$
c) $9204 : 156 + (623 - 582) = 100$
d) $(7212 + 4808) : (7212 - 4808) = 5$

Wiederholen – Vertiefen – Vernetzen

Seite 149

1

a)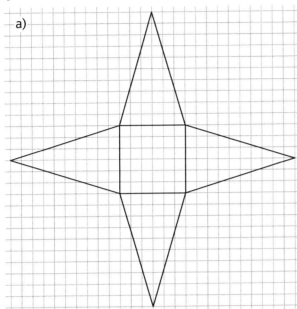

b) Oberfläche: $4 \cdot 7{,}5\,\text{cm}^2 + 9\,\text{cm}^2 = 39\,\text{cm}^2$

2 a) Fig. 3: Fläche 5 liegt gegenüber der roten Fläche.
Fig. 4: Fläche 4 liegt gegenüber der roten Fläche.

b)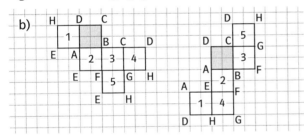

3 Von C über B und A nach E sind es 60 cm.
Von C direkt nach A und dann nach E sind es ca. 48 cm. Noch kürzer ist der direkte Weg von C nach E über Z. Es sind ca. 45 cm.
Alle kürzesten Wege führen über die Mitte einer Kante, die in einem Quadrat, das an die Würfelecke C angrenzt, dem Punkt C gegenüber liegt. Es gibt 3 solche Quadrate, in jedem gibt es zwei gegenüberliegende Punkte, (U, V, W, X, Y, Z). Also gibt es insgesamt 6 kürzeste Wege, die im Netz und im Schrägbild eingezeichnet sind.

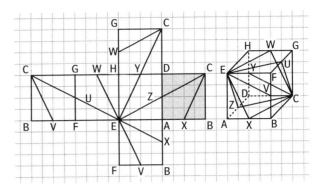

4 a) Mögliche Gründe für Schachteln in Quaderform:
- Quader sind leicht lückenlos stapelbar.
- Quader passen ohne Lücke in rechteckige Schränke, Räume, Container usw.
- Viele Gegenstände, die verpackt werden, haben rechte Winkel und passen daher gut in quaderförmige Schachteln.
- Quaderförmige Schachteln sind einfach herstellbar.

b) Mögliche Gründe für Schränke in Quaderform:
- Räume haben oft rechte Winkel, da diese einfach herzustellen sind; quaderförmige Schränke passen daher in die Ecken solcher Räume.
- Mit einer Tür sind quaderförmige Schränke gut einsehbar.
- Quaderförmige Schachteln passen gut in quaderförmige Schränke.
- Quaderförmige Schränke sind einfach herstellbar.

c) Bei einem Würfel sind alle Augenzahlen gleich wahrscheinlich, da alle Winkel und Flächen gleich groß sind.

5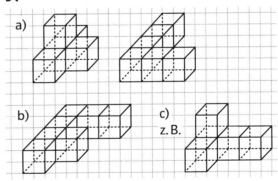

6 Spielwürfel: Kantenlänge 1,3 cm, also Rauminhalt $2197\,\text{mm}^3 \approx 2{,}2\,\text{cm}^3$
Papier: 500 Blatt Papier haben die Maße $30\,\text{cm} \times 21\,\text{cm} \times 5\,\text{cm}$, also den Rauminhalt $3150\,\text{cm}^3$. Ein Blatt Papier hat den Rauminhalt $6{,}3\,\text{cm}^3$. Das Volumen des Papiers ist ca. dreimal so groß wie das Volumen des Würfels.

7 Es passen noch 32 Liter in den roten Würfel.

Seite 150

8 a) Papier als Rechteck
b) Papier als Quader
c) Papier als Rechteck
d) Papier als Quader

9 Würfel: Gesamtkantenlänge: 48 cm
Oberflächeninhalt: 96 cm²
Rauminhalt: 64 cm³.
Quader:
Gesamtkantenlänge: 64 cm
Oberflächeninhalt: 142 cm²
Rauminhalt: 56 cm³.
Der Quader hat die größere Gesamtkantenlänge und den größeren Oberflächeninhalt, aber das kleinere Volumen.

10 a)

	Name	Innenmaße in cm	Preis in EUR	Rauminhalt in cm³	Oberflächeninhalt in cm²
XS	Extra Small	22,5 × 14,5 × 3,5	1,50	1141,875	911,5
S	Small	25 × 17,5 × 10	1,70	4375	1725
M	Medium	35 × 25 × 12	1,90	10 500	3190
L	Large	40 × 25 × 15	2,20	15 000	3950
XL	Extra Large	50 × 30 × 20	2,50	30 000	6200
F	Flasche	37,5 × 13 × 13	2,30	6337,5	2288

b) Da es sich um Innenmaße handelt, passen zwei Spiele übereinander in eine S-Packung, in eine XS-Packung passt kein Spiel. In eine M-Packung passen alle 4 Spiele.
Wenn Steffi mit zwei S-Packungen verpackt, so bleibt ihr 2590 cm³ Leerraum, bei einer M-Packung bleiben 4340 cm³ frei. Somit bleibt bei zwei S-Packungen weniger Leerraum.
Der Preis für zwei S-Packungen ist 3,40 €, eine M-Packung kostet 1,90 €. Also ist die M-Packung günstiger.

11 a) 4 · 2 m² + 1,5 · 6 m² = 17 m² Teppichboden werden benötigt.
b) Schrägbilder im Maßstab 1:100.

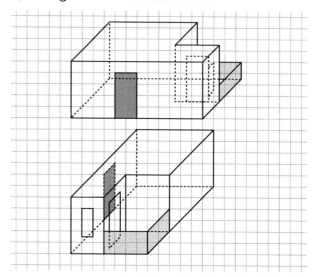

c) 17 m² · 7 cm = 1 190 000 cm³ = 1190 Liter (= 1,19 m³) Estrich werden benötigt.
d) Für die Decke benötigt man 17 m² Tapete. Das Zimmer hat den Umfang 19 m. Wenn man Fenster und Türen vernachlässigt, so haben die Wände die Fläche 19 · 2,5 m² = 47,5 m². Insgesamt benötigt man 64,5 m² Tapete.
e) Der Umfang des Zimmers ist 19 m. Zieht man je 1 m für Türe und Balkontür ab, so sind 17 m Fußleisten nötig.
f) Parkett 46 m²
Erdaushub 170 m³
Treppengeländer 12 m
Dachrinne 23 m
Rollrasen 2 a
Warmwasserspeicher 600 l

VI Ganze Zahlen

1 Negative Zahlen

Seite 157

1 a) −7 °C b) +13 °C
c) −11 °C d) 0 °C
e) −13 °C

2 a) Das Kaspische Meer liegt 28 m unter NN.
b) Rita hat 23 € Schulden.

3 a) +7; −2 b) +37; −47

4 a) −27; −12; −4; +7; +19
b) −360; −190; −60; 0; +70; +240
c) −2060; −2035; −2005; −1995; −1975
d) −750; −125; +250; +625

Seite 158

5 a)
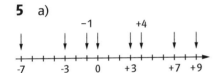
b)
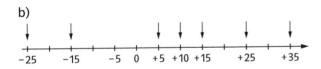
c)
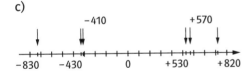
d)
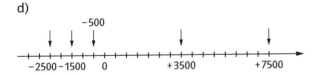

6 a) +6 b) +1
c) +2 d) −8

7 a) 1. Mount Mc Kinley
2. Puerto-Rico-Graben
3. Aconcagua
4. Mont Blanc
5. Kilimandscharo
6. Mount Everest
7. Sundagraben
8. Marianengraben

b) Sie muss für die Tiefenangaben negative Zahlen verwenden und vor dem Einzeichnen runden.

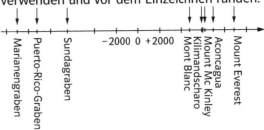

8 a) 1. bei 0 2. bei +3
3. bei 0 4. bei −4
5. bei +4
b) Sie muss 3 Schritte in positive Richtung gehen. Sie geht zuerst 6 Schritte in negative Richtung, dann 14 Schritte in positive Richtung.
c) Er macht 6 Schritte in positive Richtung, 3 Schritte in negative Richtung.
In positive Richtung: +4; in negative Richtung: −16.
d) Franziska: +4, +1, −2, −5
Sascha: −2, 0, +2, +4
Gemeinsam: +4, −2
Entfernung: 9 Felder

Seite 159

9 Fig. 1 Eckpunkte: (+3|0), (0|+3), (−3|0), (0|−5), (+3|−5), (4|−6), (4|−4)
Fig. 2 Eckpunkte: (+3|0), (+4|−1), (+4|+2), (+3|+1), (+3|+3), (0|+5), (−3|+3), (−3|+1), (−4|+2), (−4|−1), (−3|0), (−3|−3), (−1|−4), (+1|−4), (+3|−3)

10
a)
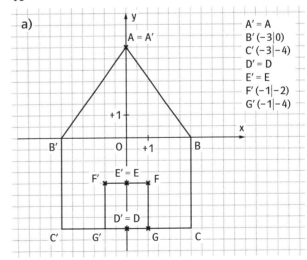

A′ = A
B′(−3|0)
C′(−3|−4)
D′ = D
E′ = E
F′(−1|−2)
G′(−1|−4)

b) individuelle Lösung

11 a) P′(+17|+28) b) P″(−17|−28)
c) P‴(−17|+28)

12 Flächeninhalt: (4 · 6) : 2 = 12

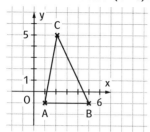

13 a) G(−3|0), H(+1|−4), I(+5|0), K(0|+5), L(−5|0), M(+1|−6), N(7|0)

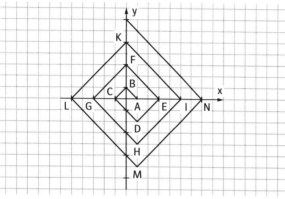

b) individuelle Lösung

14

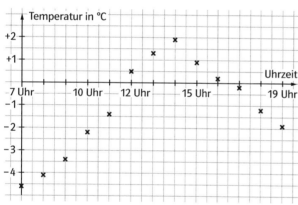

− Um 14 Uhr war es am wärmsten, um 7 Uhr am kältesten.
− Zwischen ca. 11.30 Uhr und 16 Uhr lag die Temperatur über 0 °C.
− Zwischen 11 und 12 Uhr stieg sie sehr stark an.
− Von 7 bis 14 Uhr ist sie ständig angestiegen.

2 Anordnung, Betrag

Seite 161

1 a) Am Montag zeigte das Thermometer morgens −7 °C an, am Dienstag −13 °C. Am Dienstag war es kälter als am Montag.
b) Am Ende des Monats stand auf meinem Kontoauszug: −21 €. Nun sind es 17 €. Mein derzeitiger Kontostand ist höher als am Monatsende.

c) Auf der Karte liest man ab, dass der Ort A 13 m unter NN und der Ort B 27 m unter NN liegt. B liegt also unterhalb von A.
d) Peters Schnur ist 28 dm lang, Ottos Schnur ist 5 dm lang. Peters Schnur ist länger als Ottos Schnur.
e) Ein Berg liegt 18 m über NN, ein See liegt 18 m unter NN. Der Berg liegt oberhalb des Sees.
f) Ein altes Schriftstück stammt von 218 v. Chr., eine Vase von 118 v. Chr. Die Vase ist später entstanden als das Schriftstück.
g) individuelle Lösung

2
a) 13 > −13   b) −7 > −17   c) −49 < 3

3 a) −6, −4, −1, 0, 1
b) −1, 0, 1, 5, 17
c) −31, −50, 31, 50, 100

4 a) größter Betrag: −101
kleinster Betrag: −7
b) Betrag höchstens 20:
−20, −19, …, 0, +1, … +20; 41 Zahlen
Betrag mindestens 20: unendlich viele Zahlen
Betrag genau 20: 2 Zahlen

5 individuelle Lösungen

6 a) −12 < −8 < −7 < 8 < 13
b) −101 < −99 < −90 < 90 < 99
c) −111 < −110 < 101 < 110 < 111

7 Totes Meer: −398 m
See Genezareth: −212 m
Er fließt vom See Genezareth zum Toten Meer.

8 a) +3, +6, +9   b) −3, −6, −9
c) 0, +4, +8   d) −6, 0, +6

3 Zunahme und Abnahme

Seite 163

1 a) +120 m   b) −2 Etagen
c) +3,50 m   d) −37 cm

2
a) −13 °C   b) +15   c) −16 °C   d) −139 m
1007 m   7. OG   −22   +10 €

3 a) Am Abend zeigte das Thermometer −12 °C an.
b) Neues Guthaben: 421 €
c) Zunahme: +4,91 m

4 a) 713 € b) 1922 €

5 22 Stockwerke nach unten

6 a) Am Schwarzköpfle muss die Skifahrerin mit einer Temperatur von −4 °C rechnen.
b) Die Null-Grad-Grenze wird vorraussichtlich an der Mittelstation (1480 m) und am Garfrescha erreicht.

4 Addition und Subtraktion einer positiven Zahl

Seite 165

1 a) 0 b) −13
c) +28 d) z.B. −18|−1; −5|12

2 a) −8 b) +8
c) +7 d) −13
e) −9 f) +10

3
a) negativ b) negativ c) negativ
  negativ   positiv   negativ
  negativ   negativ   positiv
d) negativ e) weder − noch
  negativ   positiv
  positiv   negativ

Seite 166

4
a) 6 b) −7 c) −76
  −7   38   −11
d) −2 e) +4
  −38   −3333

5 a)

+	15	96	28
−7	8	89	21
18	33	114	46
−69	−54	27	−41

b)

−	113	95	178
−13	−126	−108	−191
67	−46	−28	−111
99	−14	4	−79

6
a) −10 b) −102 c) −60
  −16   102   −210
d) −3 e) 2
  −33   −248

7 a) −19 b) 55
c) 34 d) 38
e) z.B. −28 − 23 = −51

8 z.B. −7 − 6 = −13

9 a) z.B. +976 − 235 = 741
b) z.B. +235 − 976 = −741
c) z.B. +623 − 597 = 26

10
a) < b) < c) >

11 a) −111 + 222 = 111
b) −455 + 55 = −400
c) −1100 + 2200 = 1100

12 300 m über NN

13 Sie liegt 360 m unter der Meeresoberfläche.

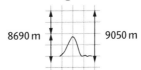

8690 m   9050 m

14 a) z.B. 1. Stein, 6. Stein, 3. Stein, 2. Stein, 5. Stein, 4. Stein
b) individuelle Lösungen

5 Addieren und Subtrahieren einer negativen Zahl

Seite 168

1 a) ⌢ −3 b) −6 ⌢
c) −18 ⌢ d) z.B. −13 ⌢ 0

2
a) negativ b) positiv c) negativ
  negativ   positiv   negativ
  positiv   negativ   positiv
d) positiv e) positiv
  positiv   negativ
  negativ   weder − noch

3
a) 2 b) −2 c) −10
d) 10 e) 4

4
a) −34 b) −39 c) 39
  18   −6   −4
  −11   108   2

d) −72
62
−22

e) −2
−38
38

5 a)

+	−17	−28	−90
18	1	−10	−72
−58	−75	−86	−148
33	16	5	−57

b)

−	−59	−83	−248
−95	−36	−12	153
−45	14	38	203
−69	−10	14	179

6
a) −160
538
16
b) 110
−60
−41
c) −16
2
−30
d) −147
867
−220
e) 1243
−3
−1243

7 a) −19 b) −17
c) −34 d) z.B. 5 − (−23) = 28

8 a) 259; −127   b) 32
c) −156

9 a) z.B. + 873 − (−941) = 1814
b) z.B. −973 − (+841) = −1814
c) z.B. +148 − (−379) = 527

Seite 169

10 a) −36; −100; 36; −100; −100; 36
b) individuelle Anleitung
c) 888; 1130; −5222; 148; 520

11 a)
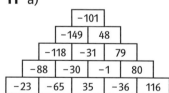

b)
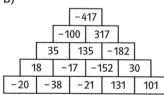

12 a) M1 → M2: −18,6 m
M2 → M3: +23,7 m
M3 → M4: −18,5 m
M4 → M5: −7,8 m
M5 → M6: +14,9 m
b) M2 → M3
c) 5,7 m

13 a) z.B.

b) Trotz unterschiedlicher Wege erhält man immer
−27 = 2 · (−4 + 5 − 7 − 2) + (−11)
−11 hat 2 Zugänge, die restlichen Zahlen haben 3 bzw. 4 Zugänge. An der Zahl −11 kommt man daher nur 1-mal vorbei, an den restlichen 2-mal.

14 a) f, da z.B. −17 + 4 = −13 ist
b) w: Bei der Subtraktion einer negativen Zahl geht man auf der Zahlengeraden nach rechts. Startet man dabei bei einer positiven Zahl, so ist das Ergebnis immer positiv.

15

Zeit in min	65	70	75	80	85	90
Anzahl der Gruppen	1	3	3	5	4	2

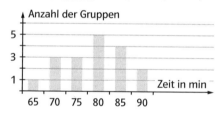

− 18 Gruppen haben teilgenommen.
− 5 Gruppen brauchten 80 min.
− 1 Gruppe lief am schnellsten, nämlich 65 min
− 3 Gruppen hatten die zweitbeste Zeit.

6 Verbinden von Addition und Subtraktion

Seite 171

1
a) −1
1
b) −1
2
c) 2
−2
d) −2
2
Rand: 6; −4; 0; 0; −3; −10; −14; −14; 4; 0; −15; −18; −3; −4; −3; −4; 3; 4

2
a) −126
−71
b) −84
11
c) −9
−88

3
a) 0
   −24
b) −23
   −5
c) −4
   −1

4
a) 35
   −20
b) 66
   −46
c) −96
   7
FERIEN

5
a) −1317
d) −15 882
b) 20 126
e) −2684
c) 18 136

6
a) −1
b) −220
c) 0

7 a) 68 + [−13 − (−67)] = 122
b) (−13 + 28) − (−17) = 32
c) (−15 + 74) + [17 − (−49)] = 125
d) (−21 + 18) − [22 + (−19)] = −6

8
a)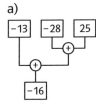
b)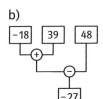
c)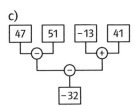

9 a) (83 − 74) − (83 + 74) = −148
b) (83 + 74) − (83 − 74) = 148
c) −(83 − 124) + (−35 + 78) = 84

Seite 172

10 z.B. −(−1 − 2) − 3 = 0
−2 − (−1 − 3) = 2
(−1 − 3) − (−2) = −2
−1 − (−2 − 3) = 4
−2 − 3 − (−1) = −4
−(−1 − 2 − 3) = 6
−1 − 2 − 3 = −6

11 −47 €

12 a) Addiere 48 zur Differenz der Zahlen 28 und 66.
b) Subtrahiere 48 von der Summe der Zahlen 28 und 66.
c) Subtrahiere die Differenz der Zahlen 28 und 66 von deren Summe.

13 individuelle Lösungen

14 a) 21 + 48 − 13 − 19 = 21 − 19 + 48 − 13 = 37
Fehler: Beim Vertauschen der Reihenfolge wurden die Plus- und Minuszeichen nicht mitgenommen.
b) −27 + 1 − 47 + 13 = −26 − 47 + 13
= −73 + 13
= −60
Fehler: Es wurde nicht von links nach rechts gerechnet, dadurch wurde 13 nicht addiert, sondern subtrahiert.

15 waagerecht:
1) 26
2) −161
5) −1020
6) −3591
8) −5904
10) −75
11) −36
13) −5959

senkrecht:
1) 273
2) −1010
3) −62
4) 109
5) −199
7) 555
9) −435
10) −71
12) −69

1 2	6		2 1	3 6	4 1
7		5 1	0	2	0
6 3	7 5	9	1		9
	8 5	9	0	9 4	
10 7	5			11 3	12 6
1		13 5	9	5	9

16 1 = 1
1 − 2 = −1
1 − 2 + 3 = 2
1 − 2 + 3 − 4 = −2
1 − 2 + 3 − 4 + 5 = 3
1 − 2 + 3 − 4 + 5 − 6 = −3
…

Letzte Zahl gerade: Halbiere die letzte Zahl und multipliziere sie mit (−1).
Letzte Zahl ungerade: Addiere 1 und halbiere das Ergebnis.

7 Multiplizieren von ganzen Zahlen

Seite 174

1
a) −84
   91
b) −162
   260
c) −104
   −6600
d) −45
   65
e) 180
   −1800
Rand: 0; −7145; 2478; −9 687 000; 298 700; 0

2
a) −750 b) −420 c) −600
   1010   −300   −1500
d) −4800 e) −200
    580   90

3 a) z.B. 6·5; −6·(−5); 3·10
b) z.B. −2·12; 4·(−6); −3·8
c) z.B. 7·8; −2·(−28); 14·4
d) z.B. −2·21; 6·(−7); 3·(−14)
e) z.B. −2·30; 15·(−4); 5·(−12)

4 a) FERIEN SIND SPITZE

−500	1000	−1500	2000
F	E	R	I
875	−1750	2625	−3500
E	N	S	I
1375	−2750	4125	−5500
N	D	S	P
1875	−3750	5625	−7500
I	T	Z	E

b) PIT GEHT JETZT HEIM

−306	459	−255	1377
P	I	T	G
1764	−2646	1470	−7938
E	H	T	J
1242	−1863	1035	−5589
E	T	Z	T
−450	675	−375	2025
H	E	I	M

5 a) −11 b) 3
c) z.B. 4, 32; −7, −56 d) z.B. 4, −8; −2, 16

6 Minus

7 a) −1, 1, −1, 1, −1, 1, −1, 1, −1, 1
b) −10, 100, −1000, 10 000, −10^5, 10^6, −10^7, 10^8, −10^9, 10^{10}
c) 2, −4, −8, 16, 32, −64, −128, 256, 512, −1024

8 Dividieren von ganzen Zahlen

Seite 175

1
a) −5 b) 6 c) −10
   11   4   −11
    9   −4   11
d) −5 e) 4
   −5   −5
    0   −3

2
a) −11 b) −13 c) 12
   −1   1   5
d) −404 e) −25
    220   0

Seite 176

3 a)

:	−2	4	−8
32	−16	8	−4
−64	32	−16	8
−88	44	−22	11

b)

:	2	−3	6
12	6	−4	2
−30	−15	10	−5
−72	−36	24	−12

4 a) z.B. 24:4; −18:(−3)
b) z.B. −24:3; 40:(−5)
c) z.B. 100:2; −150:(−3)
d) z.B. 0:(−7); 0:7
e) z.B. −17:17; 28:(−28)

5 a) −75:(−5) = 15
b) −216:12 = −18
c) 140:(−35) = −4
d) −48:16 = −3
e) −48: △ (bzw. −48: □)
z.B. □ = 6, △ = −8; □ = −4, △ = 12

6 a) −8 b) −7
c) 7 d) z.B. 49, −7
e) z.B. −17, −17

7 −10·(−5) = 50; −10+(−5) = −15;
−10−(−5) = −5; −10:(−5) = 2

8
a) 126 b) −4 c) 175 d) −12

9 a)

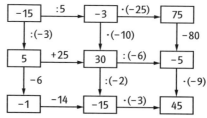

b)
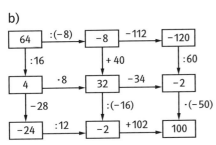

Wenn man mit 4 Rechenschritten zum Ziel kommen will, so hat man 6 Möglichkeiten.

10 a)

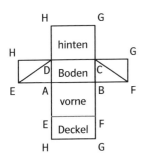

b) O = 2 · (4 · 2 + 4 · 3 + 2 · 3) cm² = 52 cm²
V = 4 · 3 · 2 cm³ = 24 cm³
c) vgl. Fig. 2
Schnittfläche ist ein Rechteck mit l = 4 cm,
b ≈ 3,6 cm, A = 40 · 36 mm² = 1440 mm² = 14,40 cm²

9 Verbindung der Rechenarten

Seite 177

1
a) −17
  −5
  7
  −66
  −5

b) −10
  0
  11
  −36
  8

c) 7
  −80
  −4
  8
  8

d) −18
  10
  −30
  −30
  24

2
a) 90
  −120

b) 13
  7

c) −280
  101

3
a) 6
  7

b) −312
  101

c) −99
  −12

Seite 178

4
a) ohne TR 16   b) ohne TR 217   c) ohne TR 5
   mit TR −2720   ohne TR −215   mit TR −19 217

5 a) −5 · (3 − 9)   b) (−28 − 21) : 7
    c) (3 · 5 + 9) · (−2)   d) (−2 · 8 − 4) · 5

6 a) 4 · (7 + 3) · 2 = 80
    b) −3 · (4 + 5) · (−6) = 162
    c) (4 − 2) · (−5) · (−3) = 30
    d) (−6 − 4) · 3 · (−5) = 150

7 a) [−3 + (−8)] · (8 − 5) = −33
    b) [8 + (−7)] · (3 − 5) = −2
    c) [−3 + (−8)] · 34 − 34 = −408

8 a) 3   b) −5
    c) −21   d) 7

9 1 − 2 = −1
    −1 + 2 − 3 = −2
    −1 − 2 · 3 + 4 = −3
    1 · (2 + 3 − 4 − 5) = −4
    1 + 2 · 3 · 4 − 5 · 6 = −5

10 individuelle Lösungen

Sachthema: Ferien am Bodensee

Seite 185

? größte Länge: ca. 65 km
größte Breite: ca. 15 km
Der Bodensee ist ungefähr so groß wie ein Rechteck mit den Seitenlängen 50 km und 10 km. Dieses hat den Flächeninhalt 500 km². Die Angabe 571 km² für den Bodensee kann also stimmen.

? Auf 1 m² passen dicht gedrängt etwa 10 Schüler. Auf 1 km² passen dann 10 000 000 Schüler. Auf 571 km² passen 5 710 000 000 Schüler, also ≈ 5,7 Milliarden Schüler. So viele Menschen leben etwa auf der Erde.

? Abstand zweier Personen: ca. 1,50 m
München hat ca. 1 200 000 Einwohner. Sie könnten also eine 1 800 000 m = 1 800 km lange Menschenkette bilden. Das ist viel mehr als man für eine Menschenkette um den Bodensee braucht.

Seite 186

? Der Überlinger See ist annähernd rechteckig, ca. 20 km lang und 3 km breit. Sein Flächeninhalt beträgt also etwa 60 km². Da er etwas breiter als 3 km ist, hat Susi vermutlich noch 5 km² dazugerechnet. Ein biegsamer dünner Draht, den man auf der Karte am österreichischen Ufer entlang legt, ist etwa 4 cm lang. Dies entspricht in der Wirklichkeit fast 30 km.
Susi denkt sich den See als Quader mit der Grundfläche 571 km² und dem Volumen 48 km³. Für die Höhe des Quaders gilt:
(48 000 000 000 : 571 000 000) m ≈ 84 m. Dies entspricht der durchschnittlichen Tiefe des Sees.
Volumen des bei Konstanz abgeflossenen Wassers:
pro Sekunde: 365 m³
pro Tag: 365 m³ · 60 · 60 · 24 = 31 536 000 m³
pro Jahr: 31 536 000 m³ · 365 = 11 510 640 000 m³
≈ 11,5 km³
Die gesamte Durchflussmenge beträgt ebenfalls 11,5 km³. Also ist bei Konstanz der einzige Abfluss des Sees.
Weitere Angaben über den Bodensee: Individuelle Lösungen (z. B. Meereshöhe (395,5 m bei mittlerem Wasserstand); Meereshöhe der tiefsten Stelle (141,5 m), Länge der Fährverbindung Friedrichshafen – Romanshorn (13 km)).

? Berechnungen zur Zeitungsmeldung: siehe Seite 187.

Seite 187

? Thomas hat die Anzahl der Passagiere wie folgt berechnet: 5 300 000 · 75 = 397 500 000 ≈ 400 Millionen. Früher wurden vermutlich weniger als 5,3 Millionen Passagiere pro Jahr befördert, sodass die 240 Millionen stimmen können.
Anzahl der in 75 Jahren beförderten Autos: bei jährlich 1,6 Millionen: 120 Millionen.
Früher gab es sehr viel weniger Autos als heute. Die tatsächliche Gesamtzahl beträgt daher ca. 30 Millionen.

? Eingesparte Fahrtstrecke:
1 600 000 · 70 km = 112 000 000 km
Benzinverbrauch eines Autos für 100 km:
(9 000 000 : 1 120 000) l ≈ 8 l.
Er hat mit einem realistischen Verbrauch von 8 l gerechnet.
Dabei ist der Kraftstoffverbrauch der Fähren aber nicht berücksichtigt.
Erdumfang: 40 000 km
Anzahl der „eingesparten Erdumrundungen"
112 000 000 : 40 000 = 2800

? Anzahl der Personen pro Fahrt:
5 300 000 : 70 000 ≈ 76
Anzahl der Autos pro Fahrt: 1 600 000 : 70 000 ≈ 23

Seite 189

? Zeitplan für die Radtour
Abfahrt Hagnau: 10.00 Uhr
Ankunft Überlingen: 11.30 Uhr
(wahrscheinlich etwas früher)
Mittagspause
Abfahrt Fähre Überlingen: 13.35 Uhr
Ankunft Wallhausen: 13.50 Uhr
Ankunft Konstanz: 15.00 Uhr
Stadtbummel
Abfahrt Fähre Konstanz: 17.30 Uhr
Ankunft Meersburg: 18.00 Uhr
Ankunft Hagnau: 18.30 Uhr
Strecke mit dem Fahrrad:
39 km = 4,5 km + 13 km + 13 km + 4 km + 4,5 km
Kosten für die Fähren pro Person:
1 € + 1,50 € + 0,80 € + 0,90 € = 4,20 €

? Weitere Radtour
Abfahrt Hagnau: 9.00 Uhr
Ankunft Friedrichshafen: 10.00 Uhr
Abfahrt Fähre Friedrichshafen: 10.41 Uhr
Ankunft Romanshorn: 11.22 Uhr
Mittagspause bis: 13.30 Uhr

Ankunft Konstanz (Fähre): 15.30 Uhr
Ankunft Meersburg: 16.15 Uhr
Pause/Burgbesichtigung bis: 17.30 Uhr
Ankunft Hagnau: 18.00 Uhr
Fahrtstrecke: mindestens
44 km = (17 km − 4,5 km) + 23 km + 4 km + 4,5 km
Kosten pro Person:
8,20 € = 2,70 € + 3,80 € + 0,80 € + 0,90 €

Seite 190

? Gesamter Höhenunterschied:
60 m + 310 m = 370 m

? 1. Prospekt: 7750 l Entnahmerecht pro Sekunde.
Daraus Entnahmerecht pro Tag:
$7750 dm^3 \cdot 3600 \cdot 24 = 669\,600\,000\,dm^3 = 669\,600\,m^3$
Dies stimmt mit der Angabe 670 000 m³ im 2. Prospekt praktisch überein.

? Fördervolumen aller 6 Pumpen: 14 000 l/s.
Die Pumpen müssen regelmäßig gewartet werden. Fallen eine oder zwei Pumpen aus, so ist der Wassertransport trotzdem gesichert.

? Durchschnittliche Förderleistung pro Sekunde:
130 000 000 000 l : (365 · 24 · 3600) ≈ 4122 l

? Es müssen also mindestens 3 kleine oder eine große und eine kleine Pumpe in Betrieb sein.

? Die BWV nutzt ihr Entnahmerecht nicht vollständig. Sie könnte pro Sekunde etwa 3600 l mehr Wasser entnehmen.

? In der Aufbereitungsanlage wird das Wasser gereinigt (durch Filter) und keimfrei gemacht (Ozonierung).

? Jährlicher Wasserverbrauch einer Person:
$130\,000\,000\,m^3 : 3\,700\,000 ≈ 35\,m^3$
Wasserverbrauch pro Tag: 35 000 l : 365 ≈ 96 l

Seite 191

? Abfahrt in München: 8.44 Uhr

? Fasst man die tägliche Wasserentnahme als Quader auf mit der Grundfläche 571 km² und der Höhe 1 mm (wie Susi behauptet), so hat dieser Quader das Volumen
$571\,000\,000\,000\,000 \cdot 1\,mm^3 = 571\,000\,m^3$. Die BWV darf täglich 670 000 m³ entnehmen. Der See sinkt also um etwas mehr als 1 mm ab.
(Höhe des Entnahmequaders:
(670 000 000 000 000 : 571 000 000 000 000 ≈ 1,2 mm))

? Volumen des Sees: 48 km³ = 48 000 000 000 m³
Jährliche Wasserentnahme: 130 000 000 m³
48 000 000 000 : 130 000 000 ≈ 370
Das Wasser des Bodensees würde ca. 370 Jahre lang reichen.

? Gründe für eine Erhöhung des Wasserstands:
− Höherer Zufluss als Abfluss
− Niederschläge auf die Seefläche
Gründe für eine Erniedrigung des Wasserstands:
− Höherer Abfluss als Zufluss
− Verdunstung

Seite 192

? 1999: Höchststand 580 cm etwa am 10. Juni
1998: Höchststand 375 cm etwa am 20. November

? Ende Mai 1999 war der Pegelstand um 2,30 m höher als im Vorjahr.

? In der ersten Januarhälfte, der zweiten Septemberhälfte, im gesamten November und im Dezember bis etwa Weihnachten war der Pegelstand 1999 niedriger als ein Jahr davor.

? Höchststand 1999: 580 cm (Mitte Juni)
Tiefststand 1999: 275 cm (Mitte Februar)
Also verändert sich der Pegel um bis zu
305 cm ≈ 3 m.

? Der Hauptzufluss des Bodensees, der Rhein, kommt aus den Alpen. Im Mai und Juni schmilzt der Schnee im Gebirge und der Rhein führt dann sehr viel Wasser.

? Individuelle Lösungen, Beispiele:
− Pegelschwankung 1998: maximal um 1,15 m.
− 1999 hat es von Ende September bis ca. 10. Oktober geregnet.
− 1999 war von Mitte Juli bis Anfang August schönes Wetter.

Seite 193

? Flächeninhalt der Dorfhalle: ≈ 68 m²
Dichtgedrängt passen etwa 300 Menschen in die Dorfhalle.
Eine Schulsporthalle (3 Hallenteile) hat die Maße 27 m × 45 m, hat also einen Flächeninhalt von 1215 m². Sie ist 18-mal so groß wie die Dorfhalle.

? Beginn der Spätbronzezeit: 1070 v. Chr.
Dauer: 220 Jahre

?

	Länge	Geschwin-digkeit	Passagiere
LZ 129 Hindenburg	245 m	125 km/h	50
Airbus A 380	73 m	900 km/h	555 bis 850

Das Haus der Töpfers hatte eine Grundfläche von ca. 40 m². Rechnet man die Werkstatt ab, so stand einer Person ca. 4 bis 5 m² Wohnfläche zur Verfügung. Ein heutiges Haus hat ungefähr 100 m² Grundfläche, sodass pro Person 25 bis 50 m² Wohnfläche vorhanden sind.

? Geldeinheiten:
1. und 2. Briefmarke: Reichsmark
4. Briefmarke: Reichspfennig
3. und 5. Briefmarke: Pfennig

Sachthema: Rund ums Pferd

Seite 194

? Bei der Befragung der Klasse durch die Schüler ist es sinnvoll, den Schülern eine Klassenliste zur Verfügung zu stellen, um Wiederholungen zu vermeiden. Die Ergebnisse sollten auf einem großen Blatt in einer Tabelle und in einem Säulendiagramm oder Balkendiagramm dargestellt werden.
Weitere mögliche Fragestellungen:
- Wie viele Pferderassen kennst du?
- Wie viele Pferdesportarten kennst du?
- Wie viele Futtermittel für Pferde kennst du?
- Wer kennt ein Sprichwort, das mit Pferden zu tun hat? (zum Beispiel „Der schirrt das Pferd von hinten auf"; „Den hat der Hafer gestochen"; „Der hat die Zügel fest in der Hand")
- Wer weiß, was eine Trense (ein Halfter) ist?

? Individuelle Lösungen, z.B.: Die Entwicklung der Pferdezahl in Deutschland von 1950 bis 2000.

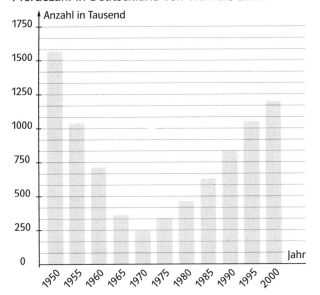

Die Pferdezahl hat bis 1970 stark abgenommen. Die Pferde wurden damals überwiegend als Arbeitstiere in der Landwirtschaft eingesetzt. Dafür benützt man heute Maschinen. Seit 1970 nimmt die Pferdezahl wieder zu, weil sich viele Menschen ein Reitpferd halten.

? Individuelle Lösungen, z.B.: Wie schnell Pferde und Menschen wachsen

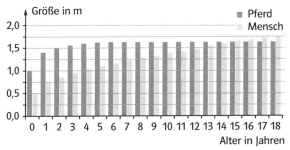

Seite 195

? Bajo hat Stockmaß 1,50 m. Er zählt somit zu den Großpferden und die Boxenwände müssen 3 m lang sein. Damit kommen Box 1 oder Box 3 infrage. Box 3 hat eine Flächeninhalt von 12,25 m^2, Box 1 mit 12 m^2 etwas weniger. Deshalb würde man bei sonst gleichen Bedingungen (z.B. Fensterfläche) Box 3 nehmen.
Die Fenster müssen eine Breite von insgesamt mindestens 4 m haben.

? Individuelle Lösungen, z.B.: Gutachten zu dem Stallplan von Frau Schreiber
1. Die Boxen:
Die Boxen sind für die Ponys genügend groß.
2. Der Luftraum:
Der Luftraum für ein Pferd ist der Rauminhalt der Box bis zur Decke. Er beträgt
3 m · 3 m · 2,8 m = 25,2 m^3. Das reicht für Ponys noch aus, aber nicht für Großpferde.
3. Der Lichtbedarf:
Der Lichtbedarf für 3 Pferde beträgt insgesamt 6 m^2. Die 10 m^2 Fensterfläche reichen aus. Davon müssen jedoch jeweils 2 m^2 in jeder einzelnen Box sein. Das kann man aus dem Plan nicht ersehen.
4. Die Stallgasse:
Die Stallgasse ist zu schmal. Sie muss mindestens 2,50 m breit sein.
Der Plan kann nur genehmigt werden, wenn Punkt 4 geändert und Punkt 3 beachtet wird.

? individuelle Lösungen

Seite 196

? Maßstäbliche Zeichnung von Fig. 1 auf Seite 197. Maßstab z.B. 2 m in Wirklichkeit entsprechen 1 cm in der Zeichnung.

? Individuelle Lösung. Für jede Hufschlagfigur ein extra Blatt.

? a) Der Umfang der Bahn beträgt 120 m. Da man etwa 1 m vom Bahnrand entfernt reitet und an den Ecken abkürzt, beträgt die Länge von „einmal um die ganze Bahn" weniger als 120 m, etwa 110 m.
b) Die Länge der Bahn ist 40 m, geritten wird weniger als 40 m, etwa 38 m.
c) Etwa 24 m
d) Etwa 4 Bahnbreiten plus 1 Bahnlänge, zusammen etwa 120 m

? Zur Durchführung kann man auch einen Platz mit den halbierten Originalmaßen abstecken. Bei diesem Spiel benötigt man unbedingt zwei Schülerinnen, die sich in einigen Hufschlagfiguren sicher auskennen. Eine Schülerin ist die Reitlehrerin, die andere Schülerin führt den „Reitkurs" an der Spitze an. Wenn die Schüler einfache Hufschlagfiguren einige mal passiv mitgelaufen sind, können sie selbst an die Spitze des Reitkurses.

Seite 198

? Bajo wiegt ungefähr 400 kg. Er erhält am Tag 6 kg Heu und 2800 g Kraftfutter.

? Individuelle Lösung, z. B.: Futterplan für Bajo:

	Heu	Hafer
8 Uhr	1,5 kg	0,8 kg
12 Uhr	1,5 kg	0,5 kg
16 Uhr	1 kg	0,5 kg
20 Uhr	2 kg	1 kg

? In einem Jahr ist der Futterverbrauch 2190 kg Heu und 1022 kg Kraftfutter. Die Kosten dafür sind 508,08 €.

? Bajo braucht im Jahr 6 kg · 365 = 2190 kg Heu. Das sind 146 Ballen. Sie benötigen etwa 24 m^3 Platz. Eine Großpferdebox mit 12 m^2 Grundfläche und 3 m Höhe hat den Rauminhalt 36 m^2. Das Heu passt in eine solche Box.

Seite 199

? Flächeninhalt der beiden Weiden A = 4,8 ha = 48 000 m^2. Es können sich 9 Pferde von den Weiden ernähren.

? a) Bei einem Pfostenabstand von 4 m benötigt man 160 Pfosten und 320 Latten.
b) Der Zaun kostet 1760 €.

? Man benötigt 160 Pfosten, 1280 m Elektroband und 320 Isolatoren. Da es die Isolatoren nur in 25-Stück-Packungen und das Elektroband nur in 200-m-Rollen gibt, ergeben sich für die Kosten: Pfosten 480 €, 7 Rollen Elektroband 140 €, 13 Packungen Isolatoren 52 €. Zusammen 672 €.

Seite 200

? individuelle Lösungen

? Termine für Bajo:
- Hufschmied, nächster Termin: 10. Juli 2004
- Impfung, nächster Termin: 3. September 2004
- Entwurmung, nächster Termin: 23. Juli 2004

Termine für Lady Blue:
- Hufschmied, nächster Termin: 23. Juni 2004
- Impfung, nächster Termin: 18. August 2004
- Entwurmung, nächster Termin: 23. Juli 2004
- Abfohltermin: 2. Mai 2004

Seite 201

? In 8 Stunden Schritt kommt ein Pferd etwa 57,6 km weit.
In 6 Stunden abwechselnd 50 min Trab und 10 min Schritt kommt ein Pferd etwa 49,2 km weit.

? Möglich ist diese oder die umgekehrte Streckenführung: Stall – Heide – Reute – Seedorf – Eybach – Stall.